KB275888

건강한 재료로 만든 42가지의 특별한 홈베이킹
식빵 & 브레드

이 책을 만난 독자님에게...

　사람이 살아가는 데 있어서 가장 중요한 부분이 있다면 그건 기본적인 의식주, 그중에서 우리 모두가 공통적으로 생각하는 식문화가 아닐까 합니다. 물론 의식주 중에서 한 가지라도 빠지면 사람은 행복하지 않습니다. 사람이 살아가는 데 있어서 행복이란 말에 정의를 내릴 순 없겠지만, 기본적인 것이 갖춰져야 살아가기 위한 터전을 만들고 또 기반이 되고 힘이 되는 것이겠지요.

　「먹고 사는 것」이란 무엇이라고 생각하시나요? 어린 시절에는 먹는 것이 가장 중요한 관심 분야이자, 가장 절실했던 부분이 아니었나 생각합니다. 먹고사는 게 가장 치열했던 시기인 80년대에 저는 중ㆍ고등학교를 다니고 있었습니다. 뭐든 하고 싶은 게 많았던 시절이었지만, 뭐든 할 수 없었던 시절이기도 했지요. 다만 꿈이란 부푼 희망을 품고 앞으로의 좀 더 나은 미래를 생각하며 나름 열심히 공부하고, 어렵지만 가족들과 함께 최선을 다해 살아갔던 기억이 납니다. 가족들을 위해서 누구보다 열심히 일하셨던 아버지와 맞벌이에 집안일은 물론 저희 삼남매 뒷바라지까지 슈퍼우먼처럼 치열하게 사셨던 엄마. 엄마가 해주셨던 음식이 늘 그립고 또 그립습니다. 맛있는 고기반찬이나 흔한 계란말이조차 없이, 거친 나물 반찬과 늘 먹던 김치만 있어도 맛있게 먹었던 그 시절 그 음식이 그리워집니다. 엄마의 음식은 단순히 맛있는 것만이 아닌 그동안의 살아왔던 이야기와 자식을 사랑하는 마음을 전해줍니다. 나만의 추억과 소중한 의미가 담겨 있어 더욱더 그리워지는 게 아닌가 생각합니다.

　누구나 자기가 좋아하는 음식 또는 싫어하는 음식이 있게 마련입니다. 또 나름대로 음식에 얽힌 갖가지의 사연이 담기면서 음식 하나에도 나만의 인생 스토리가 만들어지고 큰 의미가 부여되기도 합니다. 이렇듯 나만이 알고 있는 특별한 의미와 이야기가 양념이 되어 적절하게 버무려지면 단순한 음식도 또 하나의 추억으로 자리 잡는 것이겠지요. 맛있는 음식을 배불리 먹는 것도 좋지만, 음식은 단순히 그 순간을 즐기고 먹고 싶은 욕망을 채우기 위한 것만은 아니라고 생각합니다.

　예전처럼 먹고 사는 게 치열했던 시절과 달리 음식이 하나의 문화로 자리 잡은 지금 가장 눈에 띄게 달라진 부분이 있다면 소셜네트워크라 불리는 SNS의 발달입니다. 젊은 세대들뿐만 아니라 SNS를 하는 현대인들이라면 한 번쯤은 음식 사진을 SNS에 올려 공유해 본 경험이 있으실 거라 생각합니다. 저도 나름대로 열심히 SNS를 하는 사람 중 한 명입니다. 제가 올리는 대부분의 음식 사진은 빵, 케이크, 디저트 사진들이지요. 물론 제가 다 만들어서 올리는 사진들이 대부분이지만, 가끔 친구와 밥을 먹거나 술을 한잔할 때도 음식에 젓가락이 가기 전에 늘 하던 일처럼 자연스럽게 먼저 하는 일은 핸드폰의 카메라를 켜는 것입니다. 단순히 음식 사진을 찍는 것만이 중요하다고 생각하시는 분들은 아마도 없을 것입니다. 친구와 함께 나눈 그 시간과 이야기들, 웃고 떠들었던 순간의 즐거움, 맛있게 음식을 먹었던 기억, 그 만남의 자리에서의 모든 일들, 그 모든 것을 잊지 않으려고 한 장의 사진을 찍는 거라 생각합니다.

가끔 지난 시간을 잠시 되돌리며 사진을 한 장, 한 장 보고 있노라면 음식 사진이 수없이 많음에도 불구하고 그때그때의 모든 기억이 영사기의 필름처럼 지나가곤 합니다. 음식 사진 한 장에도 이렇게 많은 의미와 추억이 담겨 있는데, 사람이 살아가는 데 있어 음식이 어찌 중요하지 않을 수 있을까요? 요즘처럼 갖가지의 맛있는 음식들이 넘쳐나는 그야말로 먹거리 홍수 시대에 음식 문화는 더욱 발달하고 그에 따라 입맛과 식생활 또한 진화하고 있다고 생각합니다.

이쯤에서 제 얘기를 한번 해 볼까요? 저에게 있어 가장 먼저 진화의 기미가 보였던 2004년, 그때는 제가 하던 일을 그만두고 베이킹이라는 세계에 막 입문했던 시기입니다. 그 전부터 관심은 컸으나 사람이 살면서 새로운 뭔가를 시도할 때는 많은 생각과 걱정이 앞서게 됩니다. 도전하고자 하는 의지는 막 불타오르고 하고 싶은 마음은 굴뚝같았지만, 자신감은 땅에 떨어져 하늘을 보기 위해서도 많은 용기가 필요할 때였지요. 집에서 하는 홈베이킹이 굉장히 생소한 시기였고, 빵은 무조건 사 먹어야 하는 시기였으며, 베이킹은 기술자만이 할 수 있는 분야였습니다. 나름 큰 부담과 어려움이 있었지만, 무모하게 도전해 최선을 다해 열심히 했고, 하고자 하는 마음이 앞서 정보도 찾아보고 수집하려 애를 썼습니다. 그러나 현실은 정말 제대로 된 제과제빵 책 하나 없었습니다. 그 당시에도 요리를 하면서 블로그를 운영하시는 분들은 조금 있었으나 베이킹을 하시는 분들은 찾아보기가 정말 힘들었고, 인터넷 또한 지금처럼 정보가 넘쳐날 시기는 아니었답니다. 그때 제가 가장 절실하게 원했던 것이 하나가 있다면 홈베이킹에 관심을 가진 분들과 홈베이킹에 대한 정보 공유를 위한 공간이었습니다. 그것이 제가 지금까지 베이킹을 하고, 10년 넘게 블로그를 운영하게 된 계기가 되었습니다. 베이킹 정보가 넘쳐나다 못해 마음만 먹으면 집에서 못할 게 없는 지금이지만, 그때 그 시절 저는 '과연 이런 시대가 올 수 있을까?' 상상했던 기억이 납니다.

우리가 살고 있는 지금은 음식 하나에도 많은 변화가 왔고, 빵 하나도 가족들 입맛에 맞게 직접 만들어 먹는 시대에 살고 있습니다. 식재료 하나하나 가족들의 건강을 생각하고, 빵을 만드는 손길 하나하나 사랑하는 아이를 생각하며, 예쁘게 구운 빵 하나하나를 정성스레 담아내는 독자분들의 빵을 사랑하는 마음. 작은 빵 조각 하나에도 큰 의미가 부여된 나만의 음식 문화를 만들고자 나름 열심히 노력했던 저의 마음. 그 마음을 생각하며 정성스럽게 써내려간 베이킹 스토리. 저에게는 또 하나의 터닝 포인트가 되었던 이 책을 쓰면서 그 마음을 베이킹을 사랑하는 독자분들과 함께 하고 싶었습니다. 만약 이 책을 만나고 작은 도움이 되었다는 독자분이 한 분이라도 계신다면 저는 오늘 저의 인생 노트에 참 잘했어요! 도장을 과감히 찍어주고 싶습니다.

CONTENTS

식빵

브레드

빵의 세계

빵은 언제, 어디서, 누가 만들었을까?

인간이 만들어낸 음식 중에서 가장 과학적인 음식을 고르라면, 밀가루와 이스트로 만들어낸 작품이라 할 수 있는 빵이 아닐까 생각합니다. 빵의 시작은 기원전 6,000년 전이라 하니, 빵의 역사는 실로 대단히 오래됐습니다. 인류가 최초로 곡물을 섭취하면서부터 빵이라는 것을 만들어 먹지 않았을까 생각합니다. 성경책에도 "빵만으로는 살 수 없다."라는 구절이 있다고 하니 그 역사는 더 오래되었을 수도 있다는 생각이 듭니다.

세계 각국을 대표하는 빵은 어떤 것들이 있을까?

■ 프랑스의 바게트

프랑스에서 빵은 문화이자 국민들의 자부심이라 할 정도로 상당히 발달한 나라입니다. 저는 프랑스에 가보지 않아서 아주 자세히는 모르지만, 정보의 홍수에 살고 있는 요즘, 인터넷으로 검색만 하면 무수히 많은 프랑스 빵의 종류에 대해 알 수 있습니다. 우리가 알고 있는 대표적인 빵으로는 바게트, 시골 빵이라 불리는 캄파뉴, 유지를 많이 사용하는 브리오슈, 크루아상, 마들렌 등이 있습니다. 특징은 일반 밀가루와 달리 프랑스 밀가루를 사용한다는 점입니다. 프랑스 밀가루는 질감이 독특하고, 토양에 따른 글루텐 함량도 달라 빵을 만드는 데 있어 최적의 밀가루라 할 수 있습니다.

■ 독일의 브레첼과 브로트쿠헨

예전에는 독일 빵집이라는 제과점 간판을 쉽게 볼 수 있었습니다. 그러나 지금은 빵집 간판들이 아주 세련되게 바뀌었고, 제과제빵 장인들이 자신의 이름을 건 빵집들도 꽤 많이 생겼습니다. 지금은 그때의 향수를 느낄 수 있는 정겨운 독일 빵집들은 사라졌지만, 예전부터 독일 빵이란 단어는 우리나라에서 꽤나 인기가 있었나 봅니다. 독일 빵 하면 호밀빵이 떠오르지만, 제가 개인적으로 좋아하는 것은 브레첼과 브로트쿠헨입니다. 브레첼은 독일의 대표적인 빵으로 담백한 맛이 조금은 심심하지만, 독특한 식감과 모양으로 한번 맛을 들이면 중독성이 꽤나 강합니다. 브로트쿠헨은 독일 가정에서 가장 흔하게 먹는 빵으로 팬에 반죽을 넓게 펴서 과일이나 잼, 견과류 등을 얹어 달달하게 만듭니다. 그리고 모닝롤 같이 동글동글하게 만드는 브레첸과 성형할 때 땋아서 만드는 쵸프, 크리스마스 때 먹는 슈톨렌 등 400여 가지가 넘는 다양한 빵이 있습니다. 특히, 지역의 특색에 따라 재료, 모양, 맛, 그리고 형태가 달라집니다.

■ 이탈리아의 그리시니

이탈리아 빵 하면 특히 피자가 떠오르는 저는 이탈리아 빵에 대해 사실 지식도, 관심도 없었습니다. 최근 들어 이탈리아 빵이 건강빵으로 인기몰이 중이고, 빵을 만드는 일을 직업으로 하다 보니 자연스레 관심을 갖게 됐습니다. 대중적으로 인기가 많아진 포카치아나 치아바타, 파니니, 그리시니 등을 이탈리아 빵으로 떠올리는데, 개인적으로 좋아하는 빵은 그리시니입니다. 생긴 모양이 재미있고 또 먹는 즐거움도 있어 맥주 안주로 가끔 즐깁니다. 이탈리아는 다른 나라에 비해 다채로운 식재료와 식문화가 워낙 발달해 빵도 개성이 있고 나름의 비주얼을 자랑합니다. 맛 또한 담백하면서 몸에 좋은 재료들로 똘똘 뭉쳐, 요즘 같은 웰빙 시대에 맞는 빵이 있다면 이탈리아 빵이 아닐까 생각합니다.

■ 영국의 스콘

주거지를 중요시하는 영국 사람들의 성향과 섬이라는 생활문화로 인해 유럽 중에서도 빵 문화가 가장 발달하지 않은 나라입니다. 게다가 산업혁명을 거치며 감자 식문화가 활성화되고, 빵 문화는 더욱더 쇠퇴기를 맞습니다. 그 이후 1980년대에 접어들어 식문화가 달라지고, 각국의 다양한 빵들이 들어오면서 영국의 빵 문화도 활성화되었습니다. 차(Tea) 문화가 발달해 차와 간단한 샌드위치나 쿠키를 함께 즐기기도 합니다. 대표적인 영국 빵이라 하면 손쉽게 빨리 만들어 먹을 수 있는 스콘, 납작하고 담백하게 구워낸 잉글리시 머핀 그리고 우리나라에서도 한창 인기 있었던 번이 있습니다.

■ 미국의 베이글

미국에도 다양한 빵이 있지만, 대표적으로 생각나는 빵이 있다면 단연 베이글을 빼놓을 수 없습니다. 그런데 유대인들의 대표적인 빵인 베이글이 왜 미국, 게다가 뉴욕에서 유명세를 타게 되었을까요? 베이글은 원래 말을 탈 때 발을 디디는 등자를 뜻하는 독일어 뷔글이라는 단어에서 유래되었다고 합니다. 오스트리아와 터키 전쟁 당시 전세가 불리해진 오스트리아 왕은 폴란드의 구원 요청으로 위기를 모면했고, 폴란드 왕에게 감사의 의미를 전하고자 폴란드의 유대인 제빵사를 시켜 등자 모양의 빵을 만들게 한 것에서 유래되었다고 합니다. 유대인들이 미국으로 이주하면서 비교적 유대인 인구가 많았던 뉴욕에서 선을 보이게 됐습니다. 뉴욕의 베이글 제빵사들은 제조 비법을 자식들에게 전수하였고, 지금까지도 전통 방식을 고수하면서 수작업으로 만드는 베이글 전문점들이 뉴욕에서 그 명맥을 이어가고 있습니다. 뉴욕에서는 막대기에 커다란 베이글을 줄줄이 꿰어 손님들에게 전달하는 이색적인 모습도 볼 수 있습니다.

■ 일본의 지역명 빵과 특산물 빵

일본 빵의 문화는 우리나라랑 거의 비슷한 양상을 보입니다. 물론 우리나라의 빵 또한 일본에 의해 전해지면서 빵의 종류나 재료의 사용에도 비슷한 점이 많습니다. 일본은 18세기 전후로 빵 문화가 발달했고, 포르투갈어인 팡데로(pão-de-ló)가 팡이라 불리면서 빵이 되었습니다. 이 빵 문화가 우리나라에는 일제 침략기 때 들어왔다고 합니다. 일본 빵의 특징은 지역명이나 재료로 사용한 특산물의 이름을 붙인 빵들이 많다는 점입니다. 대표적으로 북구빵, 멜론빵, 바나나빵 등이 있고, 우리나라에서 곰보빵이라고 불렸던 소보로빵도 있습니다. 달콤함과 동시에 부드러운 식감의 빵들이 인기가 많고, 눈으로 보이는 화려함을 중시한 예쁘고 화려한 화과자나 만주 형태의 제품들이 많습니다. 특히 단팥을 많이 사용하는 점은 우리나라와 매우 비슷합니다.

홈베이킹 재료 소개

■ 밀가루

밀가루는 글루텐이라는 단백질의 함량에 따라 보통 발효빵을 만드는 강력분(11.5~13.5%)과 준강력분(10.5~12%), 흔히 집에서 다목적용으로 사용하는 중력분(8.0~10.5%), 그리고 과자, 케이크, 튀김 종류와 같이 바삭한 식감을 내기 위해 사용하는 박력분(6.5~8.5%)으로 구분합니다. 밀가루는 전체 소맥의 85% 정도를 차지하는 배유부를 제분해 만듭니다. 일반적인 곡물은 알갱이 형태로 섭취할 수 있지만, 밀은 그 자체로는 탄력이 강하고 식감이 안 좋아 소화 흡수가 잘 안 됩니다. 밀 단백질인 글루텐은 물을 넣고 반죽을 해야 성질을 유용하게 이용할 수 있어 고운 가루 형태로 요리에 사용하는 것이 맛과 소화 흡수에 모두 좋습니다.

■ 소금

소금은 음식을 만들 때와 마찬가지로 베이킹에 있어 가장 중요한 재료 중 한 가지입니다. 설탕이 빠진 빵은 먹을 수 있지만, 소금이 빠진 빵은 풍미가 떨어지고, 쫄깃한 식감도 없을뿐더러 먹을 수 없을 정도로 질이 저하됩니다. 발효빵의 반죽을 할 때 소금을 넣지 않으면 반죽이 달라붙는 현상이 생기면서 탄력이 떨어지고, 힘이 없어집니다. 발효할 때는 가스 발생량이 좀 더 늘어나지만, 오히려 가스의 보존력은 떨어져 구울 때 오븐스프링이 저하되고, 빵의 색깔도 좋지 않습니다. 반면에 빵 반죽을 할 때 소금을 넣으면 글루텐의 힘을 강화해 가스의 보존력을 높이고, 반죽의 탄력과 팽창력을 증가시켜 반죽 속의 기공을 고르게 하며, 빵의 질감과 식감을 높입니다. 소금의 사용량은 빵의 종류에 따라 다르지만 보통 밀가루 대비 0.8~2% 정도로 넣습니다.

■ 설탕

빵을 만들 때 소금 다음으로 중요한 재료가 있다면 설탕을 빼놓을 수 없습니다. 일반적으로 설탕은 감미료 역할을 하지만 이스트의 영양원 역할도 하고, 빵이 구워질 때 캐러멜화되면서 색을 적절하게 내주는 역할도 합니다. 그러나 바게트나 시골빵 같은 담백한 종류의 빵은 설탕을 넣지 않고 소금만 사용하는 경우도 있습니다. 일반적인 식빵은 밀가루 대비 5~6% 정도 넣고, 비교적 설탕 함량이 많은 단과자 빵에는 20%에서 최고 30%까지도 넣습니다. 설탕의 함량이 많아지면 이스트의 활동이 더뎌지고, 글루텐이 약화되면서 옆으로 퍼지는 현상이 생겨 구울 때 반죽을 위로 부풀게 하는 오븐스프링 현상을 저해합니다. 따라서 빵을 만들 때 설탕의 함량은 매우 중요합니다.

설탕은 사탕수수가 주원료로, 사탕수수를 분쇄해 즙을 낸 후 가열 처리해 끓이면 꿀 형태의 당밀이 나오고, 당밀을 좀 더 가열 처리하면 흑설탕 형태의 결정체가 나옵니다. 결정체를 가공 처리해 흑설탕, 황설탕, 백설탕으로 만듭니다. 일반적으로 베이킹에는 백설탕을 주로 사용하지만, 간혹 흑설탕, 황설탕을 사용하는 경우도 있으니 용도에 맞게 적절히 선택해 사용합니다.

■ 이스트

빵은 종류마다 팽창시키는 방법이 여러 가지가 있습니다. 발효해 만드는 발효빵은 보통 이스트를 사용하고, 머핀이나 파운드 케이크 같은 형태의 반죽형 케이크는 화학 팽창제인 베이킹파우더를 사용합니다. 그리고 스펀지 케이크나 제누아즈와 같이 달걀 거품을 이용한 제품도 있습니다. 그중에서도 발효빵을 만들 때 가장 중요한 역할을 하는 이스트는 살아 있는 효모입니다. 분류학상으로는 곰팡이와 같은 균류에 속하고, 형태적으로는 단세포 생물입니다. 모양은 종류에 따라 여러 가지 형태를 띠고, 생 이스트 1g당 약 100~200억 개 정도가 있습니다.

이스트의 종류로는 생 이스트, 과립형 인스턴트 이스트, 알갱이 형태의 드라이 이스트 등이 있습니다. 생 이스트에는 수분이 70% 정도 포함되어 유통기한이 짧으므로 냉장 보관해 단기간에 사용해야 합니다. 과립형 인스턴트 이스트는 물에 잘 녹고 보관이 쉬워 가장 널리 사용하고 있으며, 설탕 사용량에 따라 저당용과 고당용이 있어 제품에 맞게 선택해 사용합니다. 그 밖에 알갱이 형태의 드라이 이스트는 보관은 쉽지만, 미지근한 물에 먼저 녹여 사용해야 하는 단점이 있습니다.

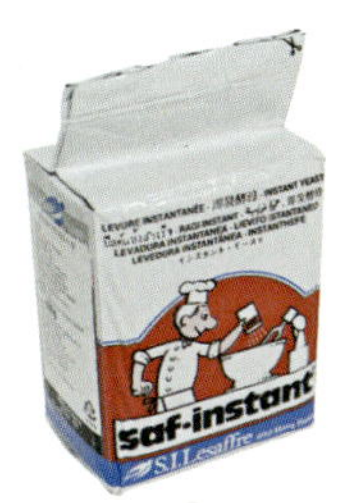

■ 이스트푸드(제빵 개량제)

이스트푸드는 제빵 공정에 있어 필수 재료는 아니지만, 제과점에서 시판되는 제품은 거의 이스트푸드를 사용합니다. 처음 미국에서 제빵 공정에 사용하는 수질을 개선하고자 만든 것으로 제빵 개량제라고도 합니다. 이스트푸드는 작업 환경이나 반죽을 만드는 공정에 상관없이 반죽의 성질을 알맞게 만들고, 반죽 속에 부족한 질소를 이스트에 공급하며, 사용하는 물의 경도를 적절하게 조절합니다. 그리고 이스트푸드에는 효소제(아밀라아제)가 첨가되어 있어 반죽의 pH를 알맞게 조절하고, 글루텐의 형성을 도와 빵의 노화를 지연시키는 역할을 합니다. 이스트푸드가 들어간 빵과 들어가지 않은 빵을 먹어보면 미세한 차이지만 좀 더 부드럽고, 식감이 좋으며, 수분이 오래 지속되는 것을 알 수 있습니다.

■ 베이킹파우더와 베이킹소다

베이킹파우더와 베이킹소다는 화학 팽창제로써 제과에 있어 케이크를 만들거나 반죽형 케이크, 특히 머핀 종류, 퀵 브레드의 일종인 스콘 등을 만들 때 부풀리는 역할을 합니다. 베이킹파우더는 위로 봉긋하게 팽창시키는 성질이 있어 주로 파운드 케이크, 머핀, 쿠키, 그리고 일부 스펀지 케이크에 사용합니다. 베이킹소다는 옆으로 팽창시키는 성질이 있어 주로 넓게 퍼지게 하는 쿠키에 사용합니다. 줄여서 B.P, B.S라고도 합니다.

■ 활성 글루텐

밀가루에서 분리한 소맥 단백질의 주성분인 글루텐으로, 단백질을 변성시키지 않고 건조한 후 가루 형태로 만든 첨가물입니다. 반죽을 한 덩어리로 뭉치는 성질이 약한 중력분이나 제빵용 밀가루에 옥수수가루나 곡물가루, 기타 글루텐 성분이 없는 가루 종류를 첨가해 빵을 만들 때 개량제로써 사용합니다. 활성 글루텐은 글루텐을 보충시켜 반죽을 좀 더 쉽게 하고, 빵의 품질을 개선시킵니다.

■ 달걀

달걀은 베이킹을 할 때 가장 많이 쓰이는 재료 중 한 가지입니다. 달걀은 빵의 영양 성분을 강화하고, 광택을 좋게 하며, 노른자 속의 레시틴이 빵의 노화를 지연시킵니다. 그리고 달걀의 담백한 맛은 빵의 품질을 높여주기도 합니다. 빵의 종류마다 첨가하는 양은 다르지만 보통 10~30% 정도를 넣습니다. 달걀이 많이 들어간 반죽일수록 발효 시간이 너무 길지 않도록 하는 것이 중요합니다. 발효 시간이 길어지면 달걀의 단백질이 변성되면서 빵의 풍미를 저하시킬 수 있습니다. 달걀은 작은 달걀일수록 노른자 비율이 높고, 큰 달걀일수록 흰자 비율이 높으며, 크기에 따라 중량에 차이가 있으므로 만드는 제품의 종류에 따라 크기를 달리 선택하는 것이 좋습니다. 주로 베이킹에는 50~60g 정도의 중란을 가장 많이 사용합니다.

■ 멀티그레인

멀티그레인은 콩, 호밀, 귀리, 전밀, 보리, 소맥, 몰트 등 7가지의 곡류가 골고루 들어간 곡물가루를 말합니다. 밀가루 대비 최소 10%에서 최대 50%까지 넣어 반죽하고, 건강빵 재료로 많이 사용합니다. 들어간 성분이나 곡물 종류에 따라 이지스페클, 크라프트콘믹스 등이 있습니다.

■ 콩가루

날콩가루는 대두를 열처리해 냉각시킨 후 미세하게 분쇄해 분말화한 것으로 글루텐이 함유되지 않고, 단백질 함량이 높아 주로 밀가루와 섞어 반죽에 사용합니다. 우리나라에서 주로 먹는 볶은 콩가루는 대두를 220℃에서 30초 전후로 볶아 약간의 간을 한 후 고속 분쇄기에 갈아 만듭니다. 주로 밥이나 떡에 묻혀 먹지만, 요즘은 제과제빵 재료로 폭넓게 사용합니다.

■ 메밀가루

메밀은 일반 곡류보다 단백질이 많아 영양가가 높고, 섬유소도 풍부해 다른 곡류에서 부족할 수 있는 영양분을 보충할 수 있습니다. 보통 가루를 내 국수나 냉면 등을 만드는 원료로 사용하고, 요즘에는 메밀의 구수한 맛과 향을 살려 밀가루와 섞어 빵을 만드는 데도 자주 사용합니다.

■ 탈지분유

탈지분유는 필수 재료는 아니지만, 맛과 향, 영향 강화, 구운 색의 향상, 노화 방지 등을 위해 제빵 공정의 재료로 사용합니다. 특히 빵의 색을 곱게 해주는 역할을 해 굽고 난 후 제품의 질을 높이고, 맛도 향상시킵니다. 하지만 탈지분유가 과하게 들어가면 반죽이 질어지고, 발효를 저하시켜 빵의 볼륨감을 떨어뜨릴 수도 있으니 적절하게 사용하는 것이 중요합니다. 보통 밀가루 대비 3~4% 정도로 넣습니다.

■ 유지(버터)

대부분 빵에는 유지가 들어가지만, 프랑스의 바게트나 독일식 호밀빵과 같은 겉껍질이 단단한 빵은 넣지 않고 굽는 경우도 많습니다. 일반적으로 빵에 사용하는 유지는 버터이며, 빵의 종류마다 들어가는 양은 조금씩 다릅니다. 식빵의 경우 5% 정도, 버터롤이나 부드럽고 달달하게 먹는 단과자 빵 종류는 15~20% 정도, 그리고 프랑스 빵인 브리오슈 같은 경우에는 60%의 유지를 사용합니다. 버터는 빵의 수분 증발을 막아 노화를 지연시키며, 유지 특유의 맛과 풍미가 빵 맛의 질을 올려줌과 동시에 식감도 부드럽게 해 제품의 가치를 높여줍니다. 버터의 종류로는 주로 유럽에서 많이 먹는 우유 크림에 젖산균을 넣어 발효시켜 만든 발효 버터와 우유 내 지방을 분리해 크림을 만들고, 그것을 세게 휘저어 엉기게 한 후 응고시켜 만든 일반 버터가 있습니다. 소금의 함량에 따라 무염과 가염으로 나뉘고, 제과제빵에는 주로 무염버터를 사용합니다.

■ 생크림과 휘핑크림

생크림은 크게 식물성 휘핑크림과 동물성 생크림 두 가지가 있습니다. 식물성 생크림인 휘핑크림은 주로 거품을 내 생크림 케이크를 장식하거나 케이크의 전면을 바르는 아이싱 작업에 사용하며, 동물성 지방 함량에 따라 용도를 달리해 사용합니다. 보통 100% 식물성 크림은 설탕이 함유된 가당 제품이 많아 유통기한이 길고, 거품의 보존력이나 작업성은 좋지만, 맛은 비교적 떨어집니다. 동물성과 식물성이 섞인 형태의 휘핑크림은 작업성은 조금 떨어지지만, 맛은 훨씬 더 좋습니다. 동물성 유지방 함량이 많을수록 유통기한이 짧고, 멸균 팩에 포장해 유통합니다.
동물성 생크림은 주로 반죽형 케이크 등 재료의 첨가물로 넣어 사용합니다. 동물성 생크림은 거품을 내면 표면이 거칠고, 버블거리는 현상과 함께 거품의 보존력이 떨어져 단단하지 않으며, 흐르는 현상이 생길 수 있어 케이크의 장식용으로는 주로 식물성 크림을 사용합니다. 특히 가나슈를 만들거나 치즈 케이크를 만들 때 주로 사용하고, 빵 반죽 시 물과 섞어 넣어주면 더욱 고소하고 촉촉한 빵을 만들 수 있습니다.

■ 우유

젖소에서 갓 짜낸 것을 생유라고 하고, 생유를 살균 처리해 병이나 종이팩에 담아 유통하는 제품을 우유라고 합니다. 우유는 살균 처리해 유통하지만 가능하면 신선한 것을 사용하고, 저온 보관하는 것이 좋습니다. 우유의 성분으로는 지방이 3% 이상, 무지방 고형분이 8% 이상 들어 있고, 단백질로는 카제인과 락토 알부민, 락토글로불린 등이 들어 있습니다. 그 외에도 비타민과 유당 성분이 들어 있습니다. 빵에 우유를 넣어 반죽하면 특유의 고소한 맛과 단맛이 빵의 풍미를 높이고, 영양 면에서도 월등합니다. 물을 대체해 우유를 넣어 반죽할 경우에는 우유에 들어 있는 고형분을 고려해 물의 양보다 10~12% 정도를 더 넣습니다.

■ 크림치즈

크림치즈는 주로 치즈 케이크를 만들 때 많이 사용하며, 파운드 케이크나 머핀, 빵을 만들 때도 제품의 향과 맛을 더하고 풍미를 증가시키기 위해 첨가물로 사용합니다. 크림치즈는 말랑한 형태로 특유의 약간 새콤한 맛이 있고, 치즈 특유의 발효 향이 적어 치즈 중에는 제과제빵용으로 가장 많이 사용합니다. 말랑한 상태로 설탕이나 소금을 약간 넣고, 과일 향을 추가해 빵에 발라 먹기도 합니다. 치즈 케이크를 만들 때는 오븐에 구워 만들기도 하고, 무스 형태로 냉동실에 얼려 만들기도 합니다. 사용하고 남은 크림치즈는 랩에 싸 지퍼백 등에 넣어 밀봉한 후 반드시 냉장 보관합니다. 크림치즈는 냉동 보관 시 치즈와 수분이 분리될 수 있습니다.

■ 롤치즈

롤치즈는 모짜렐라 치즈와 비슷하지만, 식감이 좀 더 단단하고, 쉽게 녹지 않아 제과제빵용 충전물로 많이 사용합니다. 식빵이나 머핀, 스콘 등에 넣어 만들면 특유의 고소한 치즈 향과 짭조름한 맛이 빵의 풍미와 잘 어울립니다. 롤치즈는 씹는 맛도 쫄깃해 아이들 입맛에도 잘 맞아 식빵이나 부드러운 버터롤 등에 사용하면 더욱 좋습니다.

■ 커스터드믹스(크리미비트)

주성분은 설탕과 탈지분유, 오일, 레시틴, 전분 등으로 커스터드 크림을 만드는 용도로 사용하며, 무스 크림이나 슈크림, 초콜릿, 생크림 등을 만들 때도 사용하면 편리합니다. 크림치즈나 생크림 등과 같이 섞으면 식감이 무겁지 않고 달지 않아 빵이나 롤케이크, 슈크림 등의 샌드용 크림으로 사용하기 좋고, 충전용 크림으로 넣으면 간편하고 맛이 좋습니다. 찬물이나 우유를 가루 양의 3~4배 정도 섞어 농도를 조절해 사용하고, 유제품이므로 비교적 유통기한이 짧아 냉동 보관하는 것이 좋습니다.

■ 두유

두유는 식물성 우유라고 할 정도로 우유와 거의 비슷한 영양소를 가지고 있고, 맛 또한 비슷합니다. 빵 반죽을 할 때 우유 대신 두유를 사용하면 맛과 향이 더 좋아지며, 소화에도 부담이 덜합니다. 우유가 잘 소화 안 되는 성인이나 아이들의 영양식으로 매우 좋고, 콩의 영양을 그대로 가지고 있어 콩가루 대신 사용해도 좋습니다.

■ 통조림

기타 여러 종류의 통조림은 적정량 사용하기 간편하고, 바로 먹을 수 있도록 완전 조리가 되어 나온 제품이 많아 종류별로 다양하게 베이킹 재료로 사용합니다. 특히 옥수수, 올리브, 팥, 참치, 닭가슴살 등의 통조림은 용도와 제품에 따라 다양하게 고를 수 있어 제과제빵 재료로 많이 사용합니다. 다크 체리, 블루베리, 체리, 미니파인애플, 미니사과, 서양배 등 주변에서 쉽게 구할 수 없는 과일을 담은 통조림은 주로 케이크 장식용이나 타르트 등을 만들 때 많이 사용합니다.

■ 과일잼

과일잼은 주로 딸기, 포도, 블루베리, 사과 등을 가장 많이 사용합니다. 시판용 제품도 많이 있지만, 가정에서는 보통 과일과 함께 설탕을 넣어 조려 만드는 것이 일반적입니다. 시판용은 주로 펙틴을 넣어 만든 제품이 대부분이고, 수분이 적절히 포함되어 있어 제과제빵 시 오븐에 굽거나 가열 처리할 때 잼이 사탕화되면서 단단해지는 것을 막아줘 집에서 끓여 만든 잼보다 비교적 사용하기 좋습니다. 발효빵에는 단맛을 더해주기 위해 과일과 함께 소보로를 얹어 토핑용으로 사용하기도 하고, 쿠키 가운데에 넣어 잼 쿠키 등을 만들 때도 활용합니다. 머핀이나 파운드 케이크 등을 만들 때 생과일을 대신해 사용하지만, 당도를 잘 조절해 사용하는 것이 좋습니다. 특히 과일 생크림 케이크를 만들 때 생크림과 함께 샌드하면 생크림의 느끼함을 잡아주고, 과일 향을 내면서 케이크의 맛을 더욱 높여줍니다.

■ 건조과일

건조과일은 주로 건포도를 가장 많이 쓰고, 크랜베리, 블루베리, 살구, 푸룬, 파인애플, 오렌지, 레몬, 키위 등 종류가 매우 다양합니다. 보통 생과일을 사용하기도 하지만 물기가 많은 생과일은 빵이나 케이크의 모양이나 질감을 떨어뜨릴 수 있습니다. 케이크 같은 경우에는 반죽이 질어질 수 있어 비교적 수분이 적고 당도가 높은 건조과일을 사용해 맛을 더하고, 제품의 식감도 살립니다. 건조과일은 사용 전에 반드시 전처리해서 사용하는 것이 좋습니다. 주로 럼주나 독한 위스키 등에 담가 살균 소독을 하고, 미지근한 물에 20분가량 불려 부드럽게 한 후 케이크나 빵 반죽에 넣습니다.

■ 견과류

견과류는 홈베이킹 재료로 가장 많이 사용하는 재료 중 한 가지입니다. 호두, 아몬드, 캐슈너트, 땅콩, 헤이즐넛, 피칸, 피스타치오, 마카다미아 등 많은 견과류가 있지만, 주로 호두와 아몬드를 가장 많이 사용합니다. 호두는 주로 분태 형태로 쿠키나 케이크, 빵 등에 많이 사용하고, 반태로는 장식용이나 호두파이 등에 많이 사용합니다. 견과류를 베이킹의 재료로 사용할 때나 그냥 먹을 때도 반드시 전처리해서 굽거나 볶아 사용하는 것이 좋습니다. 전처리하면 견과류 특유의 냄새를 제거할 수 있고, 고소한 맛도 높여줍니다.

■ 오트밀

오트밀은 귀리를 가열 압착한 후 분쇄기로 갈아 만든 것을 그로츠, 압착한 형태를 롤드오츠라고 합니다. 주로 빵이나 쿠키를 만들 때 넣거나 뮤슬리에 사용하는 오트밀은 롤드오츠로 섬유질이 풍부하고 소화 흡수가 좋아 서양에서는 아침식사로 섭취합니다. 오트밀은 백색으로 입자가 고르고 충분히 건조된 것을 고르는 것이 좋고, 다른 곡류에 비해 단백질과 비타민 등을 다량 함유하고 있습니다.

■ 참깨와 검은깨

참깨와 검은깨는 볶은 상태로 곱게 갈아 반죽에 넣거나 원형 그대로 반죽이나 케이크 등에 토핑으로도 많이 사용합니다. 특유의 고소한 향과 맛이 풍미를 더 해 제품의 맛과 질을 올려주고, 영양가도 풍부해 몸에 좋은 건강한 제품을 만드는데 좋은 재료입니다.

■ 블랙올리브

대표적인 블랙올리브인 칼라마타 올리브는 그리스 남부 지중해 연안의 펠로폰네소스 반도에 위치한 칼라마타에서 재배하는 올리브 품종입니다. 세계에서 가장 오래된 올리브 품종이기도 하며, 완전히 익으면 검은 보라색을 띠고, 다른 올리브보다 늦은 12월에 수확합니다. 소금물과 와인 비네거에 절여 저장해 안주나 간식으로 이용하고, 테이블 올리브로도 많이 사용합니다. 베이킹 재료로 사용할 경우 슬라이스하거나 분쇄해 반죽할 때 함께 넣으면 올리브 특유의 풍미와 맛이 빵 맛을 더욱 살려줍니다.

■ 배기류

배기류는 완두배기, 강낭콩배기, 팥배기 등이 있으며, 모양이 으깨지지 않고 그대로 유지하는 게 특징입니다. 가열 처리와 당절임 등을 해 저장성을 높이고 맛을 더해 빵이나 케이크, 떡 등에 다양하게 사용합니다.

■ 앙금

앙금은 적팥 앙금, 백팥 앙금, 고구마 앙금, 완두 앙금, 단호박 앙금 등 여러 가지가 있는데 주로 만주나 발효빵을 만들 때 많이 사용하고, 상투 과자나 양갱을 만들 때도 사용합니다. 때로는 부드럽게 풀어 케이크나 생크림 등에 넣어 설탕 대용으로도 사용합니다.

■ 밤 조림

제과제빵의 재료로 쓰이는 밤은 주로 당 절임으로 많이 판매하는데 통조림이나 병조림 등의 형태와 통밤과 다이스, 페이스트 등의 종류가 있어, 용도에 따라 구입해 사용합니다.

■ 고구마

고구마는 쪄서 껍질을 벗긴 후 으깨 케이크 등에 넣거나 무스 케이크를 만드는 등 여러 가지 디저트의 재료로 많이 사용합니다. 발효빵에도 앙금 대신 넣어 단맛을 더하고, 고구마 그대로 채를 썰어 넣거나 깍둑썰기 등을 해 빵에 충전물로 넣기도 합니다. 다양한 제품과 디저트 등에 여러 가지 형태로 가장 많이 사용하는 고구마는 제품의 맛과 질을 높이고, 건강 재료로도 많이 활용합니다.

■ 감자

감자의 종류는 무수히 많지만 주로 흰 감자를 사용하고, 이른 봄에 파종해 여름 장마가 시작하기 전 수확합니다. 감자는 고구마에 비해 제과제빵 재료로 그리 많이 사용하진 않지만 담백한 맛과 향이 밀가루의 풍미와 잘 어울리고, 식감을 부드럽게 해 먹기가 좋습니다. 밀가루보다 소화 흡수가 잘 돼 반죽에 섞어 이용하면 매우 좋습니다.

■ 단호박

단호박은 고구마 다음으로 제과제빵 재료로 가장 많이 사용하는 식재료입니다. 노란색의 예쁜 색깔과 맛, 향, 그리고 영양까지 풍부해 다양한 디저트와 제빵 재료로 많이 사용합니다. 단호박은 껍질을 벗기거나 껍질째 사용해도 좋고, 쪄서 페이스트 형태로 만들어 견과류나 다른 재료와 혼합해 제빵 재료로 사용해도 좋습니다. 슬라이스해 케이크 장식용으로 사용하거나 생크림, 크림치즈 등 유제품과 섞어 크림 형태로 활용해도 좋습니다.

■ 브로콜리

브로콜리는 채소 중에서도 영양가가 매우 풍부해 제빵 재료로 아주 좋습니다. 특유의 맛과 향이 있어 적당한 크기로 잘라 그대로 빵에 얹어도 좋고, 분쇄해 반죽에 섞어도 좋습니다.

■ 부추

부추는 베이킹 재료로 많이 사용하진 않지만, 성질이 따뜻하고, 각종 비타민과 함께 영양가가 풍부해 제빵에 활용하면 독특한 향과 맛을 볼 수 있는 채소입니다. 밀가루가 소화가 안 되는 경우 부추를 함께 넣어 만들면 소화를 돕고, 빵 맛을 부드럽게 하며, 풍미가 매우 좋습니다.

■ 파슬리(허브)

잎과 줄기가 약용이나 식용으로 쓰이고, 향과 향미가 나는 식물을 허브라고 합니다. 비타민, 무기질 등의 각종 영양 성분과 면역력 강화, 살균력 등의 효능을 가지고 있어 예로부터 널리 사용하고 있습니다. 그중에서도 파슬리는 식문화에 있어 가장 많이 사용하는 허브 중 하나로 독특한 향과 함께 비타민과 무기질 등 영양성분을 다량 함유하고 있어 옛날에는 약용으로도 많이 사용했습니다.

■ 밥새우

밥새우는 새우젓을 만드는 보통 새우보다 더 작고, 껍질이 부드러워 그냥 먹어도 부담이 없는 아주 작은 새우입니다. 약간의 가미가 되어 있고, 건조된 제품으로 판매하며, 새우의 영양과 맛을 그대로 가지고 있어 밥에 넣어 비벼 먹거나 아기들의 이유식으로도 많이 사용합니다. 제과제빵 재료로는 생소하지만, 맛과 향이 독특해 껍질이 단단한 바게트나 아침식사 대용으로 좋은 모닝롤 등에 넣어 만들면 독특하고 색다른 맛이 일품입니다.

■ 베이컨

베이컨은 돼지의 옆구리 살을 이르는 말로 소금에 절여 훈연한 제품입니다. 햄과 비슷하나 가공 처리 방법은 조금 다릅니다. 짭조름한 맛과 함께 고소한 맛이 일품이지만 지방질이 많아 칼로리가 높은 편입니다. 제빵 재료로 사용할 때는 채소와 함께 햄 대신 사용하면 맛과 풍미가 뛰어나고, 한 끼 식사로도 좋습니다.

■ 천연색소

천연색소로는 녹색을 내는 녹차가루, 검은색을 내는 오징어먹물가루, 진한 붉은색을 내는 백련초가루, 노란색을 내는 단호박가루, 보라색을 내는 블루베리가루 등 많이 있습니다. 버터 크림 등의 색깔을 낼 때 사용하거나 체에 쳐 케이크나 쿠키, 빵 반죽 등에 넣어 만들면 모양, 색깔, 그리고 맛의 풍미를 더하고, 각양각색의 다양한 제품을 만들 수 있습니다.

■ 계피가루

계피가루는 육계나무의 껍질을 곱게 빻아 만든 가루로 약간 매운맛과 함께 단향이 많이 나는 향신료입니다. 우리나라에서는 주로 수정과나 약과 등에 사용하고, 잡냄새를 없애고 향을 내기 위해 제과제빵 재료로도 많이 사용합니다.

■ 초콜릿

초콜릿은 카카오 원두가 주원료이며, 1차 가공 처리를 통해 얻은 카카오 매스를 다시 여러 단계의 2차 가공 처리를 해 초콜릿으로 만듭니다. 카카오 함량이나 들어가는 재료에 따라 크게 다크 초콜릿, 밀크 초콜릿, 화이트 초콜릿 3가지로 분류합니다. 다크 초콜릿은 카카오 매스에 설탕, 카카오, 버터 등을 넣어 만들고, 가나슈용 초콜릿은 카카오 매스에 설탕만 넣어 만듭니다. 밀크 초콜릿은 카카오 매스의 양을 줄이고 유지방을 늘려 혼합해 만들고, 화이트 초콜릿은 카카오 매스를 빼고 카카오, 버터, 설탕, 유지방분을 넣어 만듭니다. 덩어리로 판매하는 초콜릿을 다져 칩으로 사용하거나 녹여 각종 케이크나 쿠키, 빵 등에 첨가해 사용합니다. 초코칩 형태의 초콜릿은 오븐에 넣어도 녹지 않고 형태가 그대로 유지되므로 쿠키 등 각종 제품에 많이 사용합니다.

■ 제빵용 쌀가루

제빵용 쌀가루는 쌀가루 80% 정도에 활성 글루텐과 데스트린이 포함된 제품으로 빵을 만들 수 있는 쌀가루를 말합니다. 시중에 현미가루와 흑미가루 등이 다양하게 나와 있고, 100% 쌀가루만을 이용해 만들거나 밀가루와 혼합해 사용해도 됩니다. 쌀가루만 사용할 때는 1차 발효는 거치지 않고 2차 발효만 해 제품을 만들고, 밀가루와 혼합해 사용할 때는 일반 빵과 동일하게 제조합니다. 밀가루 빵에 비해 볼륨감은 적지만, 쫄깃한 맛과 특유의 구수한 풍미가 좋고, 밀가루보다 소화 흡수가 좋아 부담이 적습니다.

■ 땅콩버터

땅콩버터는 구운 땅콩을 분쇄해 약간의 식염과 가공과정을 거쳐 부드러운 크림 상태의 페이스트로 만든 가공식품입니다. 땅콩은 50% 정도의 지방과 25% 정도의 단백질로 구성돼 영양가가 높지만, 단단하고 소화 흡수가 잘 안 되는 단점이 있습니다. 쿠키나 케이크를 만들 때 버터와 함께 사용하기도 하고, 땅콩 향이 나는 소보루나 스트로이젤을 만들 때도 많이 사용합니다.

홈베이킹 도구 소개

■ 오븐

오븐은 베이킹에 있어 가장 중요한 도구입니다. 웬만한 도구는 집에 있는 것을 사용하되 오븐만큼은 구입하는 것이 좋습니다. 오븐의 종류로는 가스 오븐, 전기 오븐, 그리고 컨벡션 오븐이 있습니다.

- 가스 오븐은 가스를 연결해 사용하고, 가스레인지와 일체형으로 되어 있는 제품이 많습니다. 밑불만 있는 것이 특징이고, 전자식과 로터리 방식 두 가지가 있습니다. 전자식은 예열을 하면 해당 온도까지 가스 불이 나오다가 일정 온도가 되면 꺼졌다 켜지기를 반복하면서 온도를 조절합니다. 하지만 로터리 방식은 온도 조절이 자동으로 되지 않기 때문에 불 세기로 조절할 수 있게 되어 있습니다.

- 전기 오븐은 사이즈가 다양하게 나오고, 용도에 맞게 선택할 수 있다는 것이 장점입니다. 광파 오븐, 스팀 오븐, 컨벡션 오븐 등 다양한 기능이 내장된 제품이 많이 나와 사용하는 사람의 특성(요리나 베이킹 위주)을 고려해 선택하면 좋습니다.

- 컨벡션 오븐은 전기 오븐 제품 중 한 가지로 열풍을 이용해 대기를 순환시켜 온도 편차가 적고, 골고루 익혀져 나오는 것이 특징입니다. 빵, 케이크, 쿠키, 마카롱 등 다양하게 구울 수 있지만, 슈 제품이나 에끌레어 같이 반죽 내에 공기가 들어가는 제품에는 적합하지 않습니다. 요즘은 전기 오븐에 컨벡션 기능이 추가되어 선택할 수 있게 나온 제품이 많아 베이킹할 때 기능이나 용량, 가족 수를 고려해 선택하는 것이 좋습니다.

■ 가정용 반죽기

반죽기는 힘을 들이지 않고도 빵 반죽을 좀 더 빠르고 간편하게 할 수 있는 도구입니다. 케이크를 만들 때 거품을 내거나 버터를 풀어주는 크림화 과정, 쿠키 반죽처럼 되직한 반죽의 대량 반죽 등을 간편하게 할 수 있습니다. 반죽 용량이나 모터 용량에 따라 가격 차이가 있으며, 제품의 브랜드나 원산지에 따라 종류가 다양합니다. 처음부터 반죽기를 장만하기에는 가격 면에서 부담이 가므로 가벼운 핸드믹서나 비교적 사용이 편리한 제빵기 등으로 먼저 베이킹 과정을 손에 익힌 후 구입하는 것이 좋습니다.

■ 스탠드 믹싱기

핸드믹서보다 힘이 좋고, 주로 거품을 올릴 때나 크림화 과정 또는 소량의 빵 반죽을 할 때 사용합니다. 몸체와 볼 두 가지로 나누어져 있고, 용량에 따라 4.5쿼터, 6쿼터 등이 있습니다. 핸드믹서에 비해 시간과 작업성이 좋아 가지고 있으면 베이킹을 할 때 아주 편리하게 사용할 수 있습니다. 가정용 반죽기와 사용과 기능 면에서는 비슷하나 빵 반죽 전용 제품보다는 힘이 약하고, 반죽 용량이 적은 편이지만, 반죽기보다 가격이 비교적 저렴합니다.

■ 믹싱볼

믹싱볼은 재료를 섞을 때 없어서는 안 될 필수 도구입니다. 바닥 면이 넓거나 좁은 게 있고, 재질도 스테인리스 또는 유리, 플라스틱 등 다양하게 있습니다. 대체적으로 많은 양의 재료를 거품기 또는 주걱으로 섞을 때 바닥이 넓은 제품을 사용하면 내용물이 밖으로 나가지 않아 편리합니다. 비교적 적은 양의 반죽을 할 때나 핸드믹서를 사용할 때는 내용물이 튀지 않도록 속이 깊은 볼을 사용하고, 반죽 용량에 따라 크기를 달리해 사용합니다.

■ 식빵틀

식빵틀은 우유 식빵틀, 대 식빵틀, 소 식빵틀, 큐브 식빵틀, 원형 식빵틀, 풀만 식빵틀 등 다양하게 있습니다. 크기별로 선택이 가능하고, 주로 우유 식빵틀처럼 빵 반죽을 3덩어리씩 넣어 굽는 식빵틀이 일반적입니다. 뚜껑을 덮어 굽는 샌드위치용 식빵인 풀만 식빵틀이나 작게 구울 수 있는 큐브 식빵틀, 뚜껑까지 동그랗게 원형으로 덮어 굽는 원형 식빵틀까지 요즘은 식빵틀도 종류, 기호, 그리고 사이즈별로 나와 가족 수에 따라 용량을 선택해 사용하도록 합니다.

■ 원형팬과 사각팬

원형팬과 사각팬은 주로 케이크, 빵 등을 구울 때 많이 사용합니다. 원형팬은 케이크 시트를 굽거나 원형 식빵 등을 구울 때 주로 사용하고, 사각팬은 베치번즈 등 사각 모양의 빵을 굽거나 브라우니, 치즈 케이크 등을 구울 때 많이 사용합니다. 케이크를 구울 때는 사용 전 안에 버터 칠을 하거나 유산지 등을 잘라 깔아준 후 반죽을 부어 오븐에 굽고, 발효빵 반죽을 구울 때는 그냥 구워도 좋습니다. 사이즈는 미니 사이즈부터 5호까지 다양하게 나와 있고, 가정에서는 지름이 15cm인 1호와 18cm인 2호를 가장 많이 사용합니다.

■ 미니 케이크틀과 머핀틀

1. 미니 케이크틀은 주로 작은 사이즈의 케이크를 구울 때 사용하지만, 빵 등을 구울 때도 매우 편리하게 모양을 잡아 예쁘게 구울 수 있어 다양하게 사용합니다.
2. 머핀틀은 주로 미국식 머핀을 구울 때 사용하지만, 동글동글한 모양으로 모닝롤이나 브리오슈 빵을 구울 때 사용하면 모양의 틀어짐 없이 예쁘게 구울 수 있습니다. 반죽의 양이나 크기에 따라 틀을 달리 선택해 용도에 맞게 활용합니다.

■ 빵팬

빵팬은 베이킹을 할 때 다용도로 가장 많이 쓰는 팬입니다. 쿠키나 빵을 만들 때 또는 케이크 반죽을 담은 틀을 받쳐 구울 때 등 매우 다양하게 사용합니다. 크기별, 높이별, 그리고 용량별로 다양하게 나오기 때문에 가지고 있는 오븐 사이즈에 맞게 구입해 사용하면 됩니다.

■ 바게트틀

바게트틀은 크기에 따라 영업용과 가정용이 있습니다. 바게트를 구울 때는 윗불과 아랫불을 동시에 고르게 열이 가게 해 구워야 하므로 틀 자체에 구멍이 나있는 게 특징입니다. 가정용은 주로 3개씩 틀에 넣어 구울 수 있게 되어 있습니다.

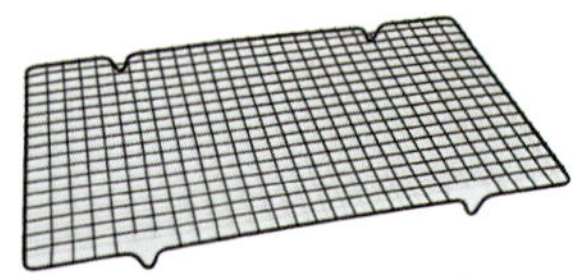

■ 식힘망

식힘망은 주로 갓 구워낸 빵이나 쿠키, 케이크를 식힐 때 사용합니다. 용도에 따라 구멍이 뚫리거나 망으로 되어 있는 제품이 있고, 크기도 다양합니다.

■ 각종 일회용 틀

일회용 틀은 주로 은박틀이나 종이 등으로 만들어집니다. 파운드틀, 머핀틀, 파이틀 등이 있고, 각 종류마다 사이즈도 다양하게 나옵니다. 베이킹을 할 때 가장 많이 사용하는 일회용 은박틀은 틀에서 빼지 않고 식힌 다음 그대로 포장이 가능하고, 별도의 틀이 없어도 되기 때문에 편리합니다. 디자인 또한 예쁘고, 크기도 다양하게 나와 있어 취향에 맞게 선택할 수 있습니다. 케이크 등을 구울 때는 주로 은박 머핀틀이나 파운드틀에 유산지를 끼워 굽고, 발효빵 등을 구울 때는 유산지 없이 그대로 굽도록 합니다.

■ 저울

저울은 베이킹을 할 때 가장 필요한 필수 도구입니다. 대부분 각 제품의 레시피에 따라 재료의 양이 정해져 있으므로 각 재료를 용량에 맞게 계량해 사용합니다. 저울의 종류는 1kg 단위부터 5kg까지 다양한 제품이 나오고, 베이킹에는 5kg 단위로 1g씩 측정되는 제품이 적합합니다. 저울에 용기를 올려 용기 무게를 뺀 후 재료마다 0점을 맞춰 계량하면 됩니다.

■ 핸드믹서

핸드믹서는 기계 본체에 별도로 거품날과 반죽날이 있어 교체하면서 사용합니다. 적은 양의 달걀 거품이나 버터를 풀어줄 때 또는 300g 미만의 빵 반죽을 할 때는 핸드믹서를 사용하면 좋습니다. 집에서 사용하던 볼에 넣고 바로 사용할 수 있어 간편하지만, 많은 양의 반죽을 하기에는 힘이 약해 무리가 있고, 핸드믹서 자체의 무게도 있으므로 장시간 들고 하는 반죽에는 적합하지 않습니다.

■ 푸드프로세서와 믹서

1. 푸드프로세서는 베이킹을 할 때 다양하게 사용합니다. 건조과일이나 채소, 견과류, 가루 등 다양한 재료를 분쇄할 때 사용하기도 하고, 타르트 반죽이나 소량의 빵 반죽을 할 때도 사용합니다.
2. 믹서는 과일의 즙을 내거나 치즈 케이크 반죽처럼 한 번에 혼합하는 반죽에도 가끔 사용합니다.

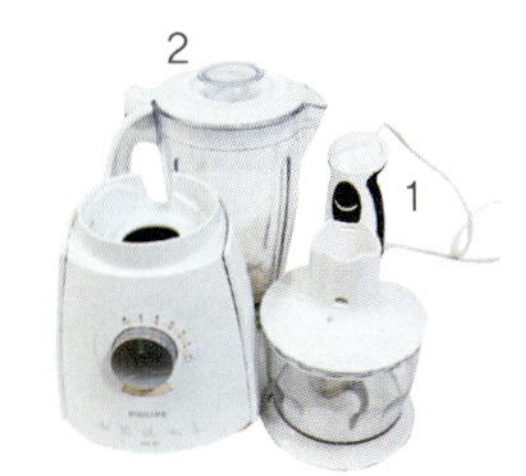

■ 가루체

가루체는 밀가루나 아몬드 분말 등 가루 종류를 체에 내릴 때 사용합니다. 특히 제과 제품에 가장 많이 사용하는 박력분은 잘 뭉치기 때문에 그냥 반죽하면 덩어리가 생기기 쉽습니다. 먼저 가루체에 한 번 가루 종류를 내리고 반죽에 섞으면 공기가 흡입되면서 잘 섞입니다. 구멍의 크기 정도나 수동과 자동의 쓰임새에 따라 다양한 제품이 있습니다.

■ 밀대, 빵칼, 가위

1. 밀대는 반죽을 넓게 펴거나 밀어 모양을 잡을 때 사용하며, 빵 반죽이나 쿠키 반죽 등에 다양하게 사용합니다. 반죽의 크기에 따라 적당한 길이와 두께의 밀대를 선택해 사용하도록 합니다. 무늬가 있는 밀대는 쿠키 반죽에 간혹 무늬를 낼 때 사용하기도 합니다.
2. 빵칼은 반죽을 자르거나 빵을 자를 때 사용합니다. 톱니날로 되어 있고, 용도에 따라 길이와 두께가 다양합니다.
3. 가위는 반죽을 자르거나 모양을 낼 때 사용하고, 되도록 베이킹 전용으로 따로 두고 사용하도록 합니다.

■ 실리콘 붓, 붓, 앙금 헤라, 파이칼, 아이스크림 스쿱

1. 베이킹을 할 때 여러 가지 소도구 중에서 주로 사용하는 실리콘 붓은 넓은 면적의 반죽에 녹인 버터를 바르거나 물 또는 액체 종류를 빵 반죽에 바를 때 사용합니다.
2. 붓은 주로 성형한 반죽 위에 달걀물이나 물, 녹인 버터 등을 바를 때 사용합니다.
3. 앙금 헤라는 단팥빵 등을 쌀 때 팥을 뜨거나 팥이 반죽 주변에 묻지 않도록 여밀 때 사용합니다.
4. 파이칼은 빵 반죽을 적당한 크기로 자를 때 사용합니다.
5. 아이스크림 스쿱은 되직한 상태의 반죽 또는 크림 등을 적당한 용량으로 뜰 때 사용합니다.

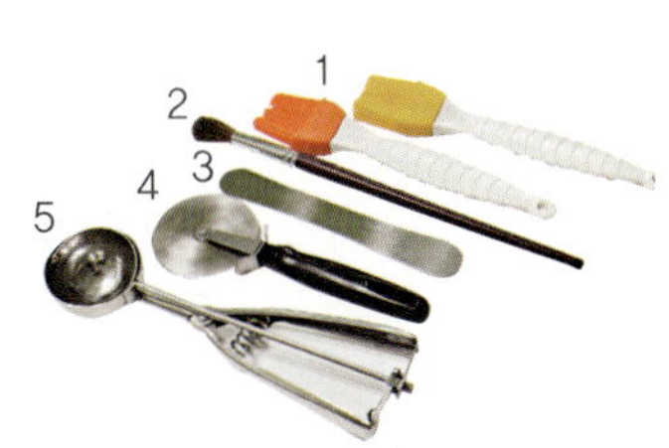

■ 손 거품기

생크림의 거품을 올리거나 달걀의 거품을 낼 때 사용합니다. 버터를 풀고, 설탕을 섞고, 달걀을 섞는 크림화 과정에서도 많이 사용합니다. 간혹 밀가루나 내용물을 섞을 때도 덩어리가 지지 않고 부드럽게 풀기 위해 사용합니다. 섞는 내용물이나 용량에 따라 크기를 달리해 사용합니다.

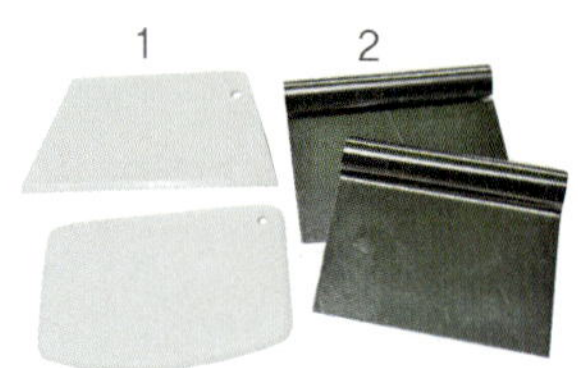

■ 스크래퍼

1. 플라스틱 스크래퍼는 일자 모양과 둥근 모양 두 가지로 용도에 맞게 사용합니다. 플라스틱은 주로 빵 반죽이나 연한 재질의 반죽 종류를 자를 때 사용하고, 일자 스크래퍼는 롤케이크 반죽 등의 평탄 작업을 할 때 사용합니다.
2. 스테인리스 스크래퍼는 단단한 버터나 파이 종류의 반죽 등을 다질 때 주로 사용합니다.

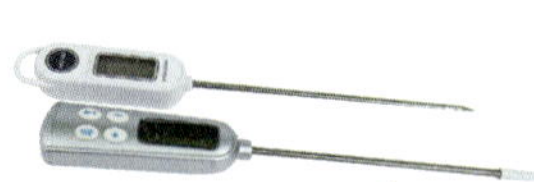

■ 온도계

반죽 온도를 잴 때 사용합니다. 빵 반죽을 할 때 반죽의 온도 편차가 커지면 실패의 원인이 될 수 있으므로 발효할 때나 반죽할 때 반죽 온도를 일정하게 해주면 실패를 줄일 수 있습니다. 반죽에 꽂아 온도를 잴 수 있도록 끝이 뾰족한 것이 사용하기 편리합니다.

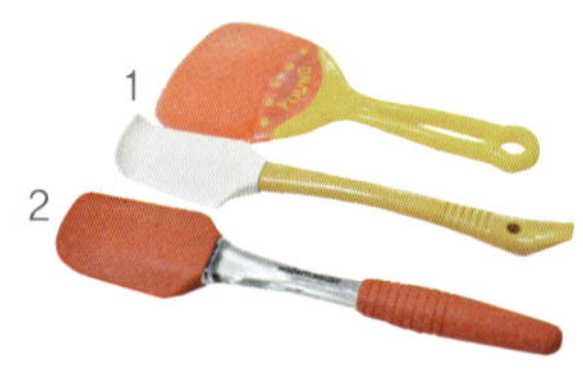

■ 깔끔 주걱과 자루 주걱

1. 깔끔 주걱은 주로 반죽할 때 사용합니다. 쿠키 등 제과에 많이 사용하며, 소보로 등 제빵에도 사용하면 편리합니다.
2. 자루 주걱은 크림 종류나 반죽 등을 깔끔하게 덜어낼 때 주로 사용합니다.

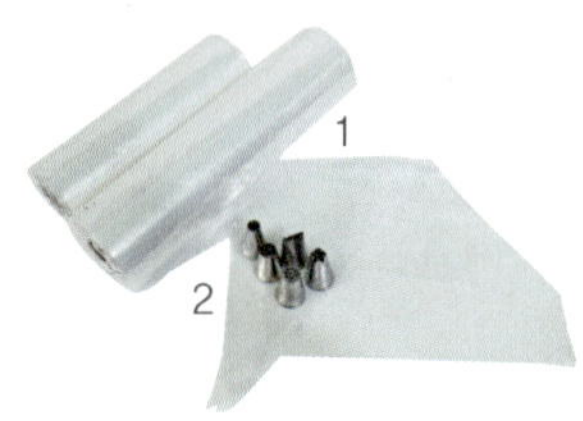

■ 짤주머니와 깍지

1. 짤주머니는 일회용으로 사용할 수 있는 비닐 짤주머니가 있고, 씻어 사용하는 천으로 된 짤주머니가 있습니다. 주로 간단한 소스 토핑이나 크림 토핑 등을 할 때는 비닐을 사용하는 것이 편리하고, 되직한 쿠키 반죽 등을 짤 때는 터지지 않는 천 재질의 짤주머니가 좋습니다. 반죽 되기나 용량에 따라 달리 사용하도록 합니다.
2. 깍지는 짤주머니에 꽂아 반죽의 모양을 내거나 일정한 양을 짜야 할 때 사용합니다.

홈베이킹 기본 용어

제빵 공정 시 기본 용어

■ 믹싱

제빵 공정 시 가장 중요한 작업이라고 할 수 있는 믹싱은 반죽기의 세기와 시간, 속도에 따라 반죽의 상태가 달라집니다. 믹싱은 원재료를 균일하게 혼합하고, 반죽에 적당한 탄력성과 함께 글루텐을 형성시키며, 빵을 만들기 전 최적의 반죽 상태를 만들어 주는 작업이기도 합니다. 반죽을 하는 과정에서는 사람의 기술이 매우 중요한데 반죽의 모양과 질감, 되기를 눈으로 보면서 반죽의 상태를 판단할 수 있어야 하기 때문입니다. 어떤 상태가 가장 좋은 반죽의 상태인지는 경험을 토대로 익혀야만 판단이 가능합니다.

■ 믹싱의 5단계

제빵 공정에 있어 빵의 식감, 풍미, 맛, 그리고 제품의 가치는 믹싱 과정에서 결정된다고 해도 과언이 아닐 정도로 믹싱은 아주 중요한 과정입니다. 믹싱은 일반적으로 5단계로 분류합니다.

- 1단계는 픽업 단계로 밀가루, 설탕, 소금, 이스트, 물, 달걀 등의 원재료가 섞이는 단계입니다. 반죽은 질척한 상태이고, 손에 심하게 달라붙습니다.
- 2단계는 클린업 단계로 반죽이 한 덩어리로 뭉쳐지는 단계입니다. 스트레이트법의 경우 이때 유지를 넣습니다.
- 3단계는 결합 단계입니다. 글루텐이 생성되고 반죽의 탄력이 생기면서 외관상으로는 매끈한 상태가 되고, 반죽에 광택이 나기 시작합니다.
- 4단계는 최종 단계입니다. 글루텐의 결합이 최고점에 이르고, 반죽날이 돌아갈 때 '철퍽'하는 소리와 함께 반죽이 아주 탄력 있게 뭉쳐지면서 한 덩어리 상태로 모양이 유지됩니다. 반죽을 손으로 눌렀을 때 탄력이 느껴지면서 외관상 아주 매끈한 상태입니다. 일부 반죽을 떼어 얇게 펴 봤을 때 풍선껌 형태의 얇은 막이 형성됩니다. 보통 최종 단계는 아주 짧게 지나가므로 눈으로 잘 확인하고 반죽을 빼주는 것이 매우 중요합니다.
- 5단계는 렛다운 단계입니다. 최종 단계가 지나가 버리면 결합되었던 글루텐이 서서히 손상되면서 반죽이 쳐지는 단계가 옵니다. 이 단계를 오버믹싱이라고 합니다. 보통 식빵 같은 경우 살짝 오버믹싱해 반죽을 하기도 하지만, 일반 빵들은 최종 단계에서 반죽을 빼고, 발효를 시작합니다. 예외로 햄버거 번 같은 경우에는 렛다운 단계를 조금 지난 단계에서 꺼내기도 합니다. 햄버거 번 같이 납작하게 굽는 빵은 팬에 흐름을 좋게 하려고 일부러 오버믹싱 다음 단계까지 믹싱해 반죽을 힘없이 쳐지게 합니다.

5단계인 렛다운 단계가 지나가면 파괴 단계가 됩니다. 이 단계까지 반죽을 치는 경우는 아주 드물지만, 이때부터는 글루텐이 손상되면서 반죽이 축축 쳐지고 탄력을 잃으면서 오히려 반죽이 질어지고, 손에 들러붙는 현상이 생깁니다. 이 단계에서는 반죽을 칠 때 마찰력에 의해 열이 발생되면서 반죽의 온도가 올라가 글루텐이 끊어지고, 효소의 파괴도 심하기 때문에 반죽을 오버믹싱 이상이 되지 않도록 주의합니다.

■ 1차 발효

발효는 일반적으로 효모, 세균, 곰팡이 등과 같은 미생물의 작용으로 당류 등 복잡한 화합물 또는 유기물이 분해되고 변화해 알코올, 산, 케톤 등 물질을 생성하는 현상을 말합니다. 때로는 발열이나 기체의 생성을 동반하기도 합니다. 발효빵을 만들 때 이스트를 넣고 발효 과정을 거치는데 반죽 속의 당이 이스트에 의해 알코올이나 탄산가스로 분해되고, 각종 유기산 등이 생겨 특유의 향을 발생시킵니다. 밀가루 반죽에 물, 설탕, 소금, 그리고 이스트를 넣고, 일정한 습도와 온도로 알맞게 맞춘 후 일정 시간 동안 반죽이 부풀어 오르게 하는 과정을 거칩니다. 이때 이스트의 먹이 역할을 하는 설탕을 함께 넣어 발효가 좀 더 잘되도록 합니다. 이스트가 당분을 먹고 가스를 발생시키면 화학작용으로 인해 특유의 풍미와 함께 반죽을 좀 더 부드럽게 하고, 빵의 색깔도 보기 좋게 구워집니다. 밀가루 빵은 총 3번의 발효 과정을 거치는데 1차 발효 후 분할, 둥글리기, 중간 발효, 성형, 그리고 2차 발효를 거쳐 구워집니다.

■ 분할

분할은 제빵 공정 시 제품의 크기에 맞게 반죽을 잘라주는 과정을 말합니다. 반죽을 분할할 때는 반죽의 손상을 최대한 적게 하는 것이 중요하고, 글루텐의 손상을 가져올 수 있으므로 분할 양에 최대한 가까운 무게로 너무 조각조각 내서 분할하지 않도록 합니다. 정확한 분할을 위해서는 저울을 사용하는 것이 좋고, 분할 시간을 최대한 단축하도록 합니다. 시간이 오래 걸리면 그 사이에도 반죽의 발효가 계속 진행이 돼 반죽의 손상을 가져올 수 있습니다. 분할 시에는 수분이 날아가 반죽이 마르지 않도록 위생비닐을 덮습니다.

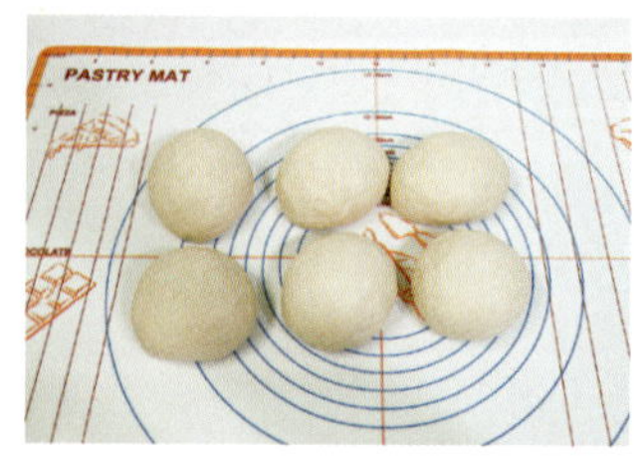

■ 둥글리기

제빵 공정에 있어 둥글리기 작업은 매우 중요합니다. 먼저 반죽의 분할로 흐트러진 글루텐의 구조를 정돈하고, 흐트러진 형태를 성형하기 좋게 바로 잡습니다. 반죽에 절단면이 많아지면 성형 시 모양을 제대로 잡을 수 없고, 가스가 새어나가는 경우가 생겨 빵의 모양을 변형시킬 수 있으므로 성형하기 전 발생된 가스를 잘 잡아줄 수 있게 안정된 조직을 만듭니다.

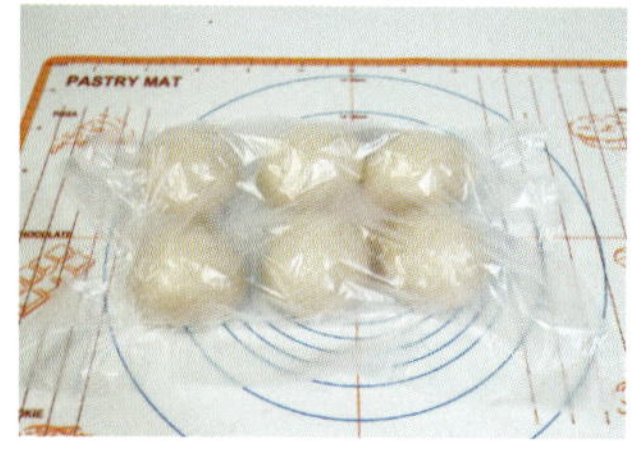

■ 중간 발효

중간 발효는 반죽을 분할한 후 둥글리기 과정에서 반죽을 잠시 쉴 수 있게 하는 시간을 말합니다. 반죽이 쉬는 동안 살짝 발효와 팽창을 거치면서 글루텐이 정돈되고, 다음 작업인 성형에서 작업성을 좋게 해 2차 발효 시 형태를 잘 유지하고, 매끈한 반죽 상태로 발효될 수 있도록 도와주는 과정이라 할 수 있습니다.

■ 성형

발효빵이나 케이크, 쿠키 등의 반죽을 일정한 무게로 분할한 후 둥글리거나 손으로 만져 가스를
균일하게 빼고, 모양이나 형태 등을 만드는 과정을 말합니다. 밀대 질을 할 경우에는 같은 힘으
로 일정하게 하는 것이 중요하고, 무엇보다 반죽의 손상 없이 균일한 모양으로 만드는 것이 매
우 중요합니다. 반죽에 내용물이나 충전물을 넣는 경우에는 공기가 들어가지 않도록 주의합니
다. 이음매 부분은 터지지 않게 꼼꼼히 여며야 제품의 모양에 변형이 안 생기고, 2차 발효 시 가
스가 새지 않아 제대로 된 모양으로 구워집니다.

■ 팬닝

빵 반죽이나 케이크, 쿠키 등을 반죽해 분할한 후 성형이 다 되면 팬에 올리는 과정을 말합니다.
케이크틀이나 머핀컵에 반죽을 붓거나 넣는 과정도 동일하게 표현합니다. 성형하고 난 후에 반
죽의 상태와 발효하고 난 후에 반죽의 크기와 부피가 다르므로 반죽의 간격과 개수를 잘 고려해
올려야 합니다.

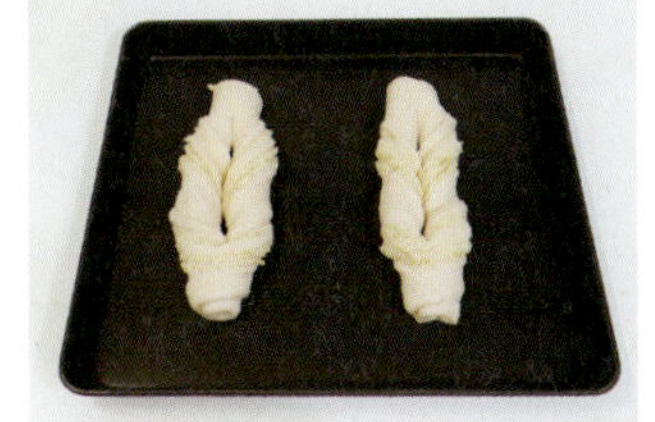

■ 2차 발효

2차 발효는 제빵 공정 시 가장 까다로운 과정이라 할 수 있습니다. 믹싱, 1차 발효, 분할, 둥글리
기, 중간 발효, 그리고 성형을 거쳐 반죽 숙성의 최종 단계를 말합니다. 보통 빵을 만들 때 온도
는 35~37℃, 습도는 70~80% 정도를 유지해 1시간에서 2시간 이내로 발효 과정을 거칩니다.
빵의 종류에 따라 저온 숙성을 하는 경우도 있고, 반죽의 원료, 재질, 형태, 그리고 제조 방법에
따라 2차 발효의 조건은 충분히 달라질 수 있습니다. 2차 발효는 이스트의 사용량, 설탕의 사용
량, 유지의 사용량, 온도, 습도, 반죽의 믹싱 상태, 성형 상태, 반죽의 되기, 그리고 성형 시 가스
빼기에 따라 발효된 상태와 모습, 시간 등이 달라질 수 있습니다. 무엇보다 빵을 만드는 과정에
서 한 가지라도 조건에 맞지 않는 공정이 있다면 2차 발효가 된 반죽의 상태는 현저히 달라질
수 있습니다. 모든 공정이 제대로 된 상태에서만 적절하게 2차 발효가 되고, 구웠을 때도 오븐스
프링 효과에 의해 잘 부풀어 오른 빵이 완성됩니다.

■ 예열

케이크나 빵을 굽기 전에 오븐 온도를 미리 10~20분 정도 굽는 제품의 적정 온도에 맞게 올리
는 것을 말합니다. 예를 들어 케이크나 빵을 180℃에 굽는 제품이면 반죽하는 동안 오븐을 미리
작동시켜 180℃까지 온도를 올립니다. 그래야 적절한 온도에서 알맞게 제품이 구워집니다.

■ 굽기

반죽의 상태, 중량, 성형된 모양 그리고 반죽의 종류에 따라 굽는 시간, 굽는 온도, 그리고 굽는 방법이 달라질 수 있습니다. 빵은 오븐의 종류에 따라 굽는 방법을 달리하므로 어떤 빵을 만들어 구울지를 선택하고, 그에 따라 굽는 온도와 방법을 달리합니다.

일반적인 식빵 종류는 오븐에 따라 다소 온도 차이가 있지만, 160~180℃ 사이에서 적정 시간에 맞춰 윗면과 옆면의 색이 적절하게 날 때까지 굽습니다. 이때 식빵틀 바닥에 구멍이 난 곳에 약간 튀어나온 반죽의 색을 보고 구분합니다. 단과자 빵은 식빵보다 중량이 적고, 설탕량이 많으므로 캐러멜화가 비교적 빨리 진행되면서 조금 더 빨리 구워집니다. 보통 갈색이 적절하게 나면 빼도록 합니다. 단과자 빵이나 식빵에 비해 굽는 기술이 필요한 프랑스 빵 종류, 특히 바게트나 하드롤 같은 제품은 스팀을 주고 겉면을 딱딱하게 구워야 하므로 굽는 방법이 좀 더 까다롭습니다. 오븐을 먼저 200℃ 이상 되는 고온으로 충분히 예열하고, 자갈이나 백돌 등을 팬에 담아 미리 달굽니다. 반죽의 2차 발효가 다 되면 자갈에 뜨거운 물을 붓고, 스팀을 발생시켜 일반 빵보다 껍질을 두껍고 단단하게 굽습니다.

그 외의 빵들은 색이 날 때까지 적당하게 굽는 것이 중요하고, 오븐의 종류마다 굽는 시간과 온도는 다소 차이가 날 수 있으니 본인이 주로 만들고자 하는 제품에 따라 선택하도록 합니다.

그 밖의 기본 용어

■ 충전물

충전물은 제빵 공정 시 밀가루 반죽에 들어가는 기본 재료를 제외하고 들어갈 수 있는 모든 부재료를 말합니다. 일반적으로 반죽에 섞어 사용하는 경우가 있고, 성형할 때 들어가는 경우도 있습니다. 건조과일, 견과류, 앙금 종류, 크림치즈, 채소 등 제빵 공정 시 반죽에 넣거나 바르거나 추가하는 부재료의 모든 종류를 일컬어 충전물이라 표현합니다.

■ 휘핑

휘핑은 달걀, 버터, 생크림 또는 크림 반죽 등을 고속으로 회전시켜 공기를 넣거나 풀어주는 작업을 말합니다. 보통 스탠드 믹싱기나 핸드믹서 등을 사용하고, 수작업 시에는 손 거품기를 사용합니다.

■ 크림화

크림화는 핸드믹서나 스탠드 믹싱기 또는 손 거품기를 사용해 단단해진 버터를 부드럽게 풀어주어 크림 상태로 만드는 과정을 말합니다. 보통 쿠키나 파운드 케이크, 머핀 등 반죽형 케이크를 만들 때 크림법을 사용하고, 제빵 공정 시에는 반죽 위에 올라가는 토핑용 크림치즈 크림이나 소보로, 쿠키 반죽 등을 작업할 때 크림법을 사용합니다.

■ 덧가루

빵 반죽 과정과 성형을 할 때 덧가루는 강력분을 사용하고, 적절한 양을 사용하는 것이 매우 중요합니다. 덧가루를 너무 많이 사용하면 반죽의 되기와 글루텐 형성을 방해하고, 빵의 맛과 풍미를 저하시킬 수 있습니다. 또, 너무 적게 사용하거나 사용하지 않으면 빵 반죽이 작업대에 들러붙어 반죽이 찢어지면서 글루텐을 손상시키고, 2차 발효 시 반죽의 매끈한 막이 손상돼 가스가 새어 나가거나 표면을 거칠게 해 제품의 가치를 떨어뜨릴 수 있습니다.

■ 휴지

휴지는 보통 쿠키 반죽이나 스콘, 파이지, 생지, 타르트지, 빵 반죽 등을 반죽한 후에 냉장고나 실온에 일정 시간 그냥 두는 것을 말합니다. 반죽에 있는 수분이 밀가루에 충분히 흡수되고, 반죽 과정에 녹은 버터 등을 굳혀 좀 더 작업을 쉽게 하도록 해줍니다. 휴지 과정을 거쳐 쿠키나 스콘 등을 만들면 반죽 속의 재료들이 잘 혼합·흡수·안정화되어 밀가루 냄새가 나는 것을 방지할 수 있습니다.

■ 중탕

중탕은 별도의 냄비에 물을 넣고, 그 안에 다시 내용물이 담긴 냄비를 넣어 직접 불에 올리지 않고 간접적으로 데우거나 녹이는 작업을 말합니다. 주로 카스텔라를 만들거나 만주 반죽에 있는 설탕을 녹이고, 일정 온도를 유지해 달걀의 거품이 좀 더 쉽게 잘 날 수 있도록 해주는 역할을 합니다. 초콜릿을 녹일 때도 중탕법을 사용하고, 크림치즈나 버터를 사용할 때 전자레인지 대신 중탕법을 이용해 녹이면 더 편리합니다.

홈베이킹 발효 방법

1차 발효

1. 발효기가 없는 경우 가정에서 손쉽게 발효하는 방법은 아이스박스를 이용하는 것입니다. 비교적 넉넉한 아이스박스 안에 사이즈가 맞는 팬을 넣고, 반죽볼을 받칠 철망이나 대접을 중앙에 놓습니다. 박스가 준비되면 물을 팔팔 끓입니다.

2. 뜨거운 물을 팬의 반 정도만 붓습니다. 이때 물의 온도는 시간이 지나면 점차 낮아지므로 최대한 뜨겁게 준비하는 것이 좋습니다.

3. 반죽을 담을 볼을 철망 위에 올립니다. 이때 물이 볼에 닿지 않도록 주의합니다. 뜨거운 물이 볼에 직접 닿으면 반죽의 바닥면이 익을 수 있습니다.

4. 믹싱을 완료한 반죽을 윗면이 매끈하도록 둥글리기한 후 볼 안에 넣습니다.

5. 반죽이 마르지 않도록 위생비닐을 덮고, 뜨거운 공기와 습기가 밖으로 나가지 않도록 아이
   스박스 뚜껑을 잘 닫은 후 1시간가량 1차 발효합니다.

6. 사진과 같이 반죽이 약 2~2.5배까지 부풀어 오르면 1차 발효가 잘된 상태입니다. 발효 시간
   은 아이스박스 안의 온도가 얼마나 잘 유지가 되느냐에 따라 차이가 날 수 있습니다. 온도
   와 습도를 잘 유지하면 보통 1시간 정도면 발효가 완료됩니다.

7. 1차 발효 상태를 손으로 확인하는 경우에는 손가락에 덧가루를 살짝 묻힌 후 반죽을 쿡 눌
   렀다가 뺍니다. 누른 자국이 원상 복귀가 안 되고 모양을 그대로 유지하고 있으면 1차 발효
   가 다 된 상태입니다.

8. 작업대에 덧가루를 살짝 뿌리고 발효가 다 된 반죽을 올린 후 적당한 힘으로 주물러 가스를
   제거합니다.

2차 발효

1. 1차 발효를 하는 동안 2차 발효를 준비합니다. 먼저 바게트 등을 구울 때 사용하는 자갈이나 깨끗한 화분의 돌을 적당한 크기의 팬에 넣고, 200℃ 정도로 예열된 오븐에 넣어 약 30분가량 뜨겁게 달굽니다.

2. 오븐의 불을 끈 후 뜨거워진 돌에 따뜻한 물을 부어 온도를 적정선으로 내립니다. 돌을 담은 팬을 다시 오븐에 넣고 문을 닫습니다. 이때 오븐은 꺼진 상태를 유지합니다. 뜨거워진 돌이 식기 시작하면서 오븐 안이 따뜻해지고 습도가 올라가 2차 발효가 가능한 환경이 만들어집니다.

3. 분할과 성형을 하는 동안 뜨거운 돌을 넣은 오븐은 온도와 습도가 적절하게 유지됩니다. 성형이 끝난 팬을 오븐에 넣고 2차 발효를 시작합니다. 이때 성형팬이 2개일 경우 오븐의 아래위 칸에 같이 넣습니다.

4. 팬을 넣고 1시간가량 지나 반죽이 2배 정도 커지면 2차 발효가 거의 다 된 상태입니다. 2차 발효가 80% 이상 진행이 되면 반죽을 상온에 꺼내고, 오븐을 구울 온도로 예열합니다. 오븐을 예열하는 동안 상온에서 약 20% 정도 발효가 더 진행됩니다. 발효가 완료되면 예열된 오븐에 팬을 넣어 갈색이 적절하게 나도록 굽습니다.

홈베이킹 부재료 만들기

흑임자 소보로

미리 준비하기

- 버터와 땅콩버터를 미리 상온에 두고 말랑한 상태로 준비합니다.
- 볶은 검은깨를 믹서기에 넣고 곱게 갈아 준비합니다.

재료

• 일반 소보로

박력분	350~400g(되기 조절)
달걀	1개
버터	130g
땅콩버터	50g
소금	2g
설탕	150g
베이킹파우더	6g

• 녹차 소보로

박력분	350~400g
달걀	1개
버터	120g
땅콩버터	50g
소금	2g
설탕	150g
베이킹파우더	6g
녹차 분말	15~20g

• 흑임자 소보로

박력분	350~400g
달걀	1개
버터	130g
땅콩버터	50g
소금	3g
설탕	150g
베이킹파우더	6g
볶은 검은깨	50g

• 콩가루 소보로

박력분	300g
달걀	1개
버터	130g
땅콩버터	50g
소금	2g
설탕	150g
베이킹파우더	6g
볶은 콩가루	100g

* 일반 소보로, 콩가루 소보로, 녹차 소보로는 가루 분량만 다르고 제조공정은 모두 동일합니다.

믹싱볼에 말랑한 상태의 버터와 땅콩 버터를 넣고 부드럽게 풀어줍니다.

설탕과 소금을 넣고 하얗게 될 정도까지 믹싱합니다.

어느 정도 믹싱이 완료되면 달걀을 넣고 섞습니다.

미리 갈아서 준비한 검은깨를 넣고 섞습니다.

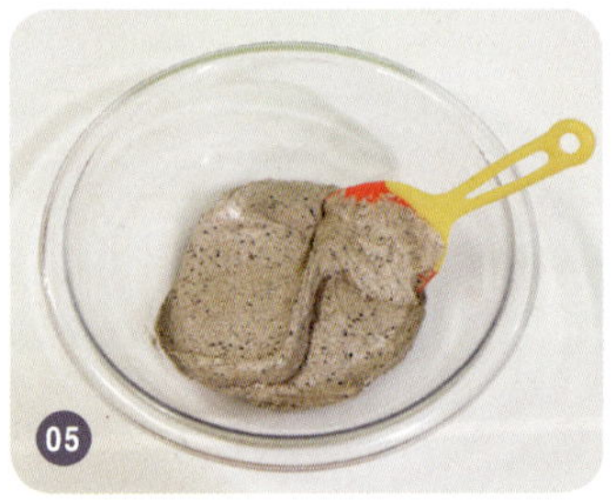

완성된 흑임자 크림을 반죽볼에 넣고, 가루 재료를 준비합니다.

반죽볼에 박력분과 베이킹파우더의 1/3만 체를 쳐 넣습니다.

내용물이 뭉쳐지도록 주걱으로 가르듯이 섞어 뭉글뭉글한 상태로 만듭니다.

남은 가루를 두 번에 나눠 체를 쳐 섞습니다. 이때 주걱으로 반죽을 누르지 말고 아래에서 위로 떠올리듯 섞습니다.

반죽이 뭉글뭉글한 상태가 되면 모양이 일정하게 나올 때까지 손으로 비빕니다. 소보로가 완성되면 위생비닐에 넣고, 장기보관 시에는 사용할 만큼씩 위생비닐에 나눠 넣어 냉동 보관합니다.

초코 크림

🎩 미리 준비하기

- 코코아파우더와 슈가파우더를 미리 섞어 체에 쳐 준비합니다.
- 물을 따뜻한 상태로 준비합니다.

🥄 재료

코코아파우더	80g
슈가파우더	160g
물	80~100g(되기 조절)

볼에 코코아파우더와 슈가파우더를 함께 체에 쳐 넣습니다.

약간 따뜻한 상태의 물을 볼에 넣습니다.

거품기로 잘 섞어 크림 상태로 만듭니다.

크림치즈 크림

- 크림치즈를 상온에 말랑한 상태로 준비합니다.

재료

크림치즈	400g
설탕	150g
커스터드믹스	80g
차가운 우유	200~250g

믹싱볼에 말랑한 상태의 크림치즈와 설탕을 넣습니다.

맑은 상태의 크림이 될 때까지 믹싱합니다.

크림치즈 믹싱이 다 되면 커스터드 크림을 만듭니다. 커스터드믹스에 분량의 차가운 우유를 넣고 되기를 조절하면서 되직한 상태의 크림이 될 때까지 거품기로 잘 젓습니다.

커스터드 크림을 크림치즈 크림에 넣고 중속으로 잘 섞습니다.

단호박 크림

🍳 미리 준비하기

- 단호박을 깨끗이 씻은 후 전자레인지에 익기 좋게 적당한 크기로 잘라 안쪽의 씨를 제거합니다. 껍질은 벗겨도 되고, 벗기지 않고 그대로 사용해도 무방합니다.
- 호두를 미리 볶거나 오븐에 구운 후 식혀 준비합니다.

🥄 재료

단호박 중간 크기	1통
소금	2g
설탕	100~150g(당도 조절)
아몬드 분말	150g
커스터드믹스	20~30g(되기 조절)
흑임자 분말	30~40g
호두 분태	100g 내외

01

잘라서 준비한 단호박을 전자레인지용 용기에 담아 분무기로 물을 약간 뿌린 후 위생비닐을 덮어 8분 정도 익힙니다. 푹 익은 정도가 좋으므로 약간 덜 익었을 경우에는 3~4분 정도 더 익히도록 합니다. 찜통을 사용해서 쪄도 좋습니다.

02

푹 삶아진 단호박을 거품기로 대충 으깨 믹싱볼에 담습니다.

03

분량의 소금과 설탕을 넣고, 설탕이 어느 정도 녹을 때까지 중속으로 섞습니다.

04

아몬드 분말을 넣고 섞습니다. 손 믹싱할 경우에는 아몬드 분말을 체에 쳐 넣습니다.

05

분량의 커스터드믹스를 넣고 중속으로 1~2분가량 믹싱합니다.

06

약간 되직한 단호박 크림에 미리 볶아 준비한 호두 분태와 흑임자 분말을 넣습니다. 흑임자 분말이 없을 때는 볶은 검은깨를 믹서에 곱게 갈아 사용합니다.

07

견과류와 흑임자 분말을 넣고 잘 섞어 되직한 상태의 단호박 크림을 완성합니다. 이때 기호에 따라 볶은 해바라기씨나 견과류 분태 등을 골고루 넣어도 좋습니다.

08

짤주머니에 지름이 1~1.5cm 크기의 원형 깍지를 끼우고, 컵에 짤주머니를 사진과 같이 뒤집어씌운 후 완성된 크림을 적당히 담습니다.

09

짤주머니의 입구를 빵끈으로 묶고, 빵이 발효와 성형이 되는 동안 냉장고에 넣어 보관합니다.

흑임자 크림

🍥 미리 준비하기

• 흑임자를 믹서에 곱게 갈아 준비합니
다.

🥄 재료

크림치즈	400g
달걀	1개
설탕	80g
백앙금	100g
땅콩버터	80g
흑임자 분말 적당히	

크림치즈를 조각조각 잘라 전자레인지
에 40초 정도씩 3번 정도 돌려 부드럽
게 녹이고, 믹싱볼에 담아 설탕을 넣고
섞은 후 고속으로 돌려 덩어리를 최대
한 부드럽게 풀어줍니다.

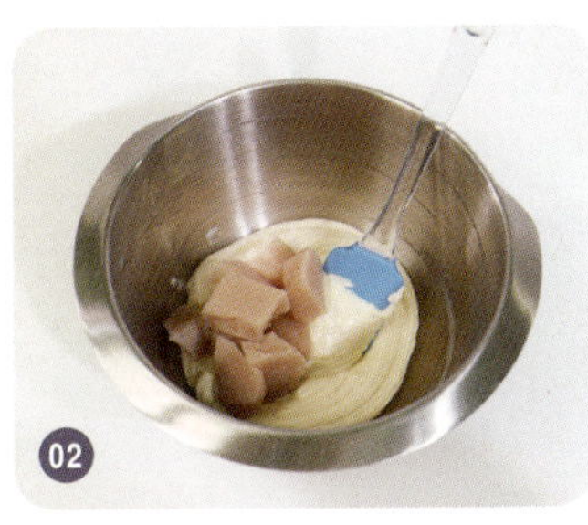

백앙금이 잘 풀어지도록 작은 크기로
잘라 넣고, 중속으로 덩어리를 풀어준
후 고속으로 돌려 부드러운 크림 상태
가 되도록 믹싱합니다.

크림치즈와 설탕, 백앙금이 잘 섞여 부
드러운 상태가 되면 땅콩버터를 넣고
섞습니다.

땅콩버터가 잘 섞이면 달걀을 넣고 섞
습니다. 이때 너무 찬 달걀을 사용하면
달걀이 분리되니 미지근한 상태로 넣
습니다.

곱게 갈아 준비한 흑임자 분말을 넣어
골고루 잘 섞고, 덩어리가 생기지 않도
록 중속으로 한 번 더 섞어 완성합니다.

완성된 흑임자 크림은 빵 반죽을 하는
동안 윗면이 마르지 않도록 위생비닐
을 덮어 냉장고에 보관합니다.

무화과 감자 크림

• 호두를 미리 볶은 상태로 준비합니다.

재료

감자 중간 크기	3개
크림치즈	150g
달걀	1개
버터	50g
소금	1g
설탕	100g
무화과 다이스	200~250g
볶은 호두 분태	100~150g

감자를 깨끗이 씻어 껍질과 씨눈을 잘 제거합니다.

전자레인지에 익히기 좋게 얇게 나박 썰기를 해 전자레인지용 용기에 담고, 감자 표면에 분무기로 약간의 물을 뿌려 수분을 보충해준 후 위생비닐을 덮어 약 7~8분가량 익힙니다.

잘 익은 감자를 거품기로 대충 풀어 부드럽게 한 후 믹싱볼에 담습니다.

말랑한 상태의 크림치즈, 버터, 설탕, 그리고 소금을 넣고 저속으로 믹싱하다 어느 정도 치즈와 감자가 섞이면 고속으로 돌려 부드러운 크림 상태가 되도록 합니다.

달걀을 넣은 후 감자와 크림치즈가 덩어리가 지지 않도록 충분히 섞습니다.

달걀이 잘 섞여 약간 되직한 상태의 크림이 완성됩니다. 감자 크림은 부드럽고 달지 않아서 그대로 다른 제품에 응용할 수 있습니다.

07

미리 볶거나 구운 호두 분태와 무화과 다이스를 넣고 잘 섞습니다. 이때 무화과 다이스를 물에 불리면 씨가 다 빠져나와 특유의 씹는 맛이 없어지므로 불리지 않고 그대로 사용합니다.

08

표면이 마르지 않도록 위생비닐로 덮고, 반죽이 되는 동안 냉장고에 보관합니다.

고구마 크림

🎩 미리 준비하기

- 고구마를 깨끗이 씻어 필러로 껍질을 제거하고 깍둑썰기로 준비합니다.
- 크림치즈를 미리 상온에 두어 냉기를 뺀 후 전자레인지에 살짝 돌려 말랑한 상태로 준비합니다.

🥄 재료

고구마 중간 크기	2~3개
크림치즈	250g
꿀	50g
설탕	50g

01

준비한 고구마를 전자레인지용 용기에 담아 분무기로 물을 살짝 축인 후 위생비닐을 덮어 약 7~8분간 익힙니다.

02

잘 익은 고구마에 꿀을 넣고 거품기로 잘 으깬 후 적당히 식힙니다.

03

고구마가 식는 동안 믹싱볼에 말랑한 상태의 크림치즈를 넣고, 설탕과 함께 부드럽게 풀어줍니다. 이때 덩어리가 지지 않도록 꼼꼼하게 벽면을 잘 긁으면서 믹싱합니다.

04

부드럽게 잘 풀어진 크림에 미리 준비한 고구마를 넣고 잘 섞습니다. 고구마 크림은 살짝 되직한 상태가 좋습니다.

크림치즈 커스터드 크림

- 크림치즈를 상온에 두어 냉기를 뺀 후 전자레인지에 넣어 말랑한 상태로 준비합니다.

재료

크림치즈	300g
커스터드믹스	100g
물	200~250g
설탕	90g

01

크림치즈를 전자레인지에 넣어 약 40초 정도씩 2~3회 정도 돌려 말랑한 상태로 만든 후 믹싱볼에 담아 설탕을 넣고 섞습니다.

02

덩어리가 지지 않도록 믹싱볼 주변을 잘 긁어 주면서 부드럽게 잘 풀어줍니다.

03

별도의 볼에 커스터드믹스를 넣고, 물을 2~3회에 나눠 넣으면서 적절히 되기 조절을 해 되직한 상태의 커스터드 크림을 만듭니다.

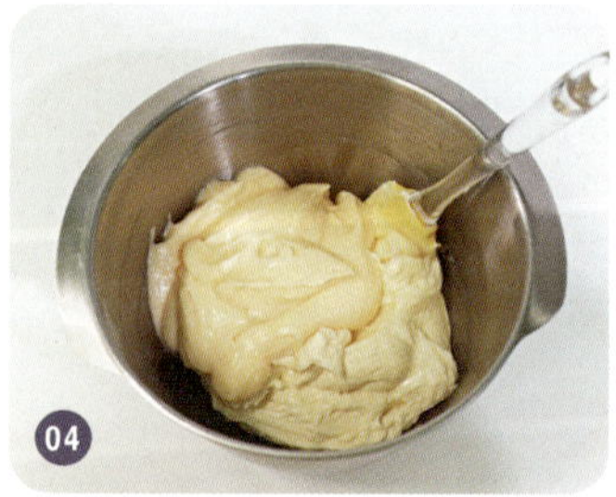

04

크림치즈에 커스터드 크림을 넣고 잘 섞습니다. 이때 크림이 너무 질어지지 않도록 짤주머니에 넣고 짰을 때 흐르지 않는 정도로 되기 조절을 합니다.

05

부드러운 크림 상태가 완성되면 위생 비닐을 덮고, 반죽이 완성되는 동안 냉장고에 보관합니다.

06

반죽이 어느 정도 발효되면 입구가 큰 계량컵에 비닐 짤주머니를 뒤집어씌운 후 크림을 적당히 채웁니다.

옥수수 크림치즈

* 크림치즈를 미리 상온에 두어 냉기를 뺀 후 전자레인지에 넣어 말랑한 상태로 준비합니다.
* 캔 옥수수를 채반에 걸러 물기를 제거합니다.

재료

옥수수 캔	1개
크림치즈	500g
설탕	100g

크림치즈를 전자레인지에 넣고 약 40초 정도씩 2~3회 돌려 말랑한 상태로 만든 후 믹싱볼에 분량의 설탕과 함께 넣습니다.

덩어리가 지지 않도록 믹싱볼의 주변을 잘 긁으면서 부드럽게 잘 풀어줍니다.

캔 옥수수를 채반에 받쳐 물기를 제거하고 종이 타월로 골고루 닦은 후 잘 풀어진 크림치즈에 넣고 섞습니다.

표면이 마르지 않도록 위생비닐로 덮고, 반죽이 되는 동안 냉장 보관합니다.

옥수수 쿠키 반죽

- 버터를 상온에 부드러운 상태로 준비합
니다.
- 달걀을 상온에 미지근한 상태로 준비합
니다.

재료

달걀	2개
버터	250g
소금	1g
설탕	180g
옥수수 분말	180g

상온에 두어 말랑한 상태의 버터를 믹
싱볼에 넣고 거품기로 부드럽게 풀어
줍니다.

버터에 설탕과 소금을 함께 넣고 버터
크림에 공기가 포집될 수 있도록 충분
히 하얗게 될 때까지 손 믹싱합니다.

하얗게 믹싱된 버터크림에 달걀을 넣
고 잘 섞습니다. 이때 달걀이 버터와
잘 섞일 수 있도록 상온에 두어 미지
근한 상태로 넣습니다.

옥수수 분말을 넣고 덩어리가 지지 않
도록 약간의 힘을 줘 거품기로 골고루
잘 섞습니다.

반죽을 주걱으로 몇 번 치대면서 잘
모아 정리하고, 반죽이 마르지 않도록
위생비닐을 덮어 상온에 보관합니다.

참치 샐러드

미리 준비하기

- 참치 캔에 있는 기름과 물기를 짜 제거합니다.

재료

참치 캔	2개
양파	1/2개
피망	1개
당근	1/4토막
햄	50g
옥수수 작은 캔	1개
시판용 토마토소스 작은 병	1개

01

양파, 피망, 당근, 햄을 같은 크기로 잘게 다져 준비합니다.

02

캔 옥수수는 채반에 올려 물기를 제거합니다.

03

준비한 참치를 다진 재료, 옥수수와 함께 섞습니다.

04

토마토소스는 물기가 생기지 않도록 반죽의 2차 발효가 다 된 후 섞도록 합니다.

닭가슴살 샐러드

미리 준비하기

• 닭가슴살과 옥수수를 채반에 받쳐 물기를 빼줍니다.

재료

닭가슴살 캔	2~3개
양파	1/2개
피망	1개
당근	1/2토막
햄	50g 내외
옥수수 작은 캔	1개
토마토소스 작은 병	1개

01

양파, 피망, 당근, 햄을 같은 크기로 잘게 다져 준비합니다.

02

닭가슴살을 채반에 받쳐 물기를 제거합니다.

03

물기를 제거한 닭가슴살을 볼에 넣습니다.

04

물기를 제거한 옥수수를 함께 넣고 잘 섞습니다.

05

반죽의 발효가 거의 다 진행이 됐을 때 소스를 넣고 섞습니다. 미리 섞으면 채소에 물이 생겨 빵 맛이 변질될 수 있습니다.

식빵

흑임자 블랙올리브 식빵

지중해를 대표하는 식재료인 올리브는 강력한 항산화 작용으로 우리 몸의 건강함을 오랫동안 유지할 수 있게 도와줍니다. 건강한 식재료로 만드는 투박한 매력의 블랙올리브 식빵. 고소한 검은깨와 함께 블랙올리브의 향이 자연스럽게 어우러져 독특한 맛과 가족의 건강까지 챙길 수 있는 레시피입니다.

분량

큐브 식빵틀 280g 4개

굽기

컨벡션 오븐 160℃
약 15~20분

일반오븐 170~180℃
약 25~30분

01

믹싱볼에 분량의 재료를 계량해 서로 구분되어 닿지 않게 넣고, 물과 달걀은 함께 계량해 넣습니다. 버터는 말랑한 상태로 준비합니다.

02

저속으로 섞다가 반죽이 한 덩어리가 되면 말랑한 상태의 버터를 넣고 중속으로 믹싱합니다.

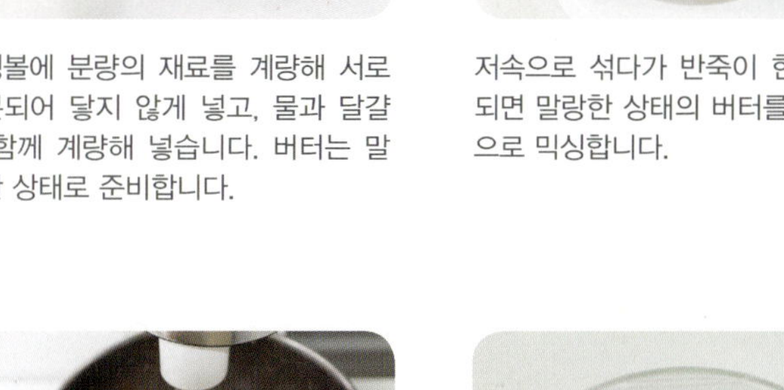

03

반죽이 어느 정도 매끈한 상태가 되고, 일부를 조금 떼어 잘 펴봤을 때 풍선껌 같은 막이 형성되면 반죽이 다 된 상태입니다.

04

반죽을 믹싱볼에서 꺼내 둥글리기한 후 발효볼에 담고, 위생비닐을 덮어 온도는 35~37℃, 습도는 80% 정도를 유지해 1시간가량 1차 발효합니다.

🧑‍🍳 미리 준비하기

- 검은깨를 미리 볶아 식힌 후 믹서기에 갈아 준비합니다.
- 블랙올리브는 물기를 제거하고, 푸드프로세서로 입자 알갱이가 크게 대충 갈아줍니다.
- 버터를 상온에 말랑한 상태로 준비합니다.

🥄 재료

강력분	600g
물	300g
달걀	1개
버터	60g
소금	12g
설탕	60g
인스턴트 이스트	20g
탈지분유	18g
볶은 검은깨	30g
블랙올리브	150g

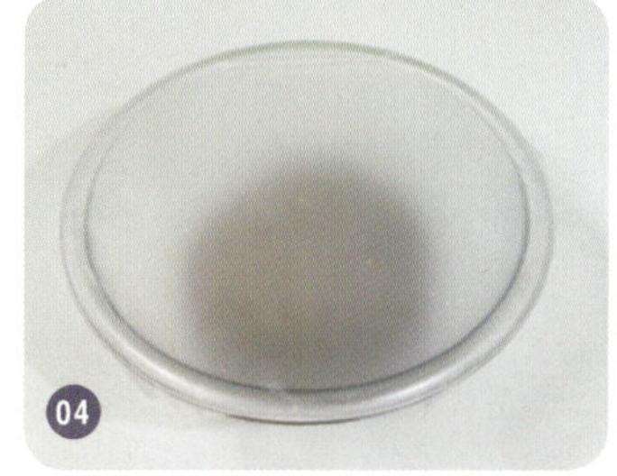

05

발효가 되는 동안 블랙올리브를 깨끗이 씻고 체에 받쳐 물기를 제거한 후 종이 타월로 남은 물기를 제거합니다.

06

물기가 제거된 블랙올리브를 푸드프로세서에 넣고 알갱이가 너무 곱지 않게 대충 갈아줍니다.

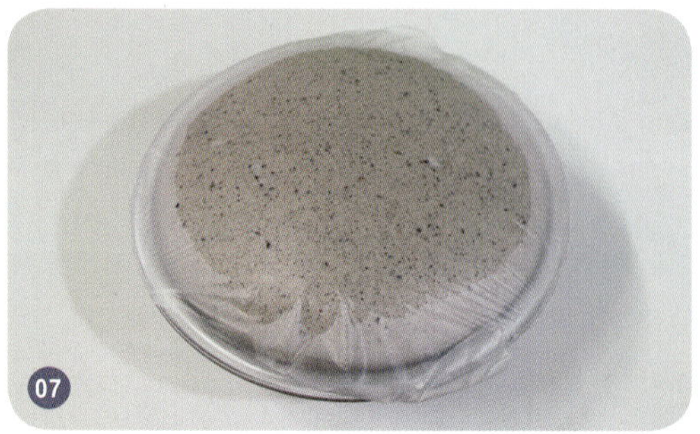

반죽이 2배 이상 부풀어 오르고, 반죽의 단면을 보았을 때
거미줄 같은 막이 형성되면 1차 발효가 다 된 상태입니다.

반죽을 작업대에 올려 가스를 제거한 후 블랙올리브를 넣
고 섞습니다. 이때 반죽에 전체적으로 올리브를 묻히고 반
을 자르고 겹치고를 반복하면서 골고루 섞습니다.

반죽을 약 5분 정도 쉬게 합니다.

반죽을 70g씩 분할한 후 둥글리기를 합니다.

반죽을 위생비닐로 덮어 약 10분가량 중간 발효합니다.

반죽을 다시 둥글리기한 후 뒷부분이 터지지 않도록 여밉
니다.

반죽을 틀에 4개씩 넣고 손등으로 꾹꾹 누른 후 온도는 35~37℃, 습도는 80% 정도에서 반죽이 틀보다 약 2cm가량 올라올 정도까지 2차 발효합니다.

2차 발효가 2/3 이상 진행이 되면 오븐을 구울 온도로 예열합니다.

예열된 오븐에 반죽을 넣고 갈색이 충분히 나도록 굽습니다. 다 구워지면 틀을 바닥에 한 번 탁 치고, 식빵을 틀에서 바로 빼줍니다.

식빵을 식힘망에 올려 식힙니다. 다 식은 후에는 개별 포장하고, 장기 보관 시에는 냉동 보관합니다.

초코마블 식빵

달콤함의 대명사인 초콜릿은 카카오 열매로 만들어집니다. 열매는 맛이 없고 아주 쓰지만, 설탕과 우유를 넣어 가공처리하면 카카오의 독특한 향과 달콤함이 더해진 초콜릿이 된답니다. 요즘은 초콜릿을 이용해 만든 다양한 디저트가 많은 분들의 입을 호강시키고 있습니다. 특별하게 만들어본 초코마블 식빵. 보들보들한 식빵의 속살과 쌉쌀하면서도 향기로운 초코 향이 가득한 그 맛은 또 다른 먹는 즐거움을 선사합니다.

분량

큐브 식빵틀 260g 4개

굽기

컨벡션 오븐 160℃
약 15~20분

일반오븐 170~180℃
약 25~30분

01 믹싱볼에 분량의 재료를 계량해 서로 구분되어 닿지 않게 넣고, 물과 달걀은 함께 계량해 넣습니다. 버터는 말랑한 상태로 준비합니다.

02 저속으로 섞다가 반죽이 한 덩어리가 되면 말랑한 상태의 버터를 넣고 중속으로 믹싱합니다.

03 반죽이 어느 정도 매끈한 상태가 되고, 일부를 조금 떼어 잘 펴봤을 때 풍선껌 같은 막이 형성되면 반죽이 다 된 상태입니다.

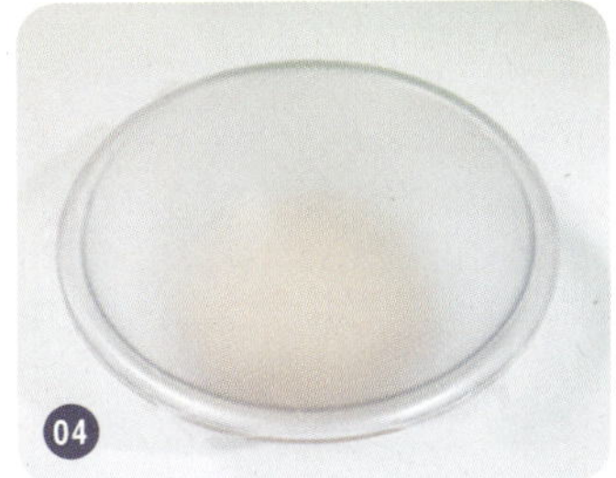

04 반죽을 믹싱볼에서 꺼내 둥글리기한 후 발효볼에 담고, 위생비닐을 덮어 온도는 약 35~37℃, 습도는 80% 정도를 유지해 1시간가량 1차 발효합니다. 온도와 습도의 변화에 따라 시간이 다소 더 걸릴 수 있습니다. 1차 발효가 되는 동안 초코 크림을 미리 만들어 준비합니다.

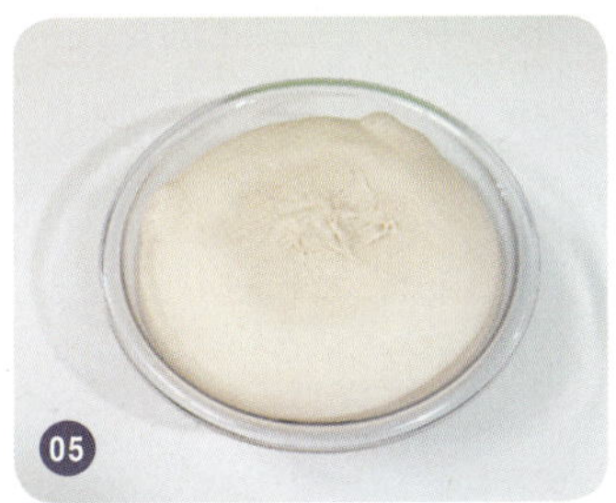

05 반죽이 2배 이상 부풀어 오르면 1차 발효가 다 된 상태입니다. 작업대에 반죽을 올리고 손으로 적당한 힘을 가해 가스를 제거합니다.

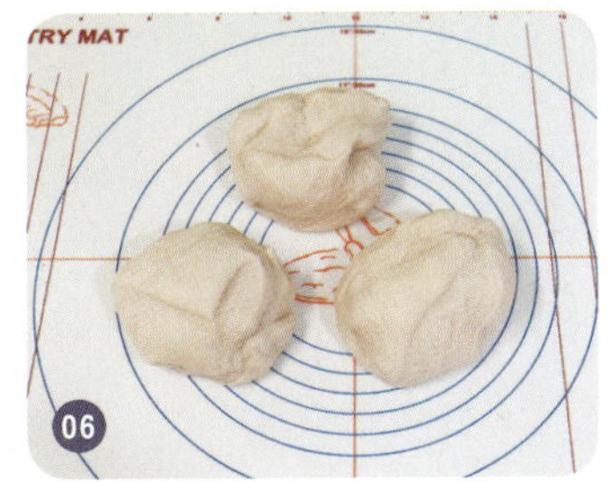

06 반죽을 260g씩 분할한 후 둥글리기를 합니다.

미리 준비하기

- 초코 크림을 미리 만들어 준비합니다(p.33 부재료 만들기 참조).
- 버터를 상온에 말랑한 상태로 준비합니다.

재료

• 반죽	
강력분	550g
물	260g
달걀	1개
버터	80g
소금	11g
설탕	80g
인스턴트 이스트	18g
탈지분유	22g

• 초코 크림	
코코아파우더	80g
슈가파우더	160g
물	80~100g(되기 조절)

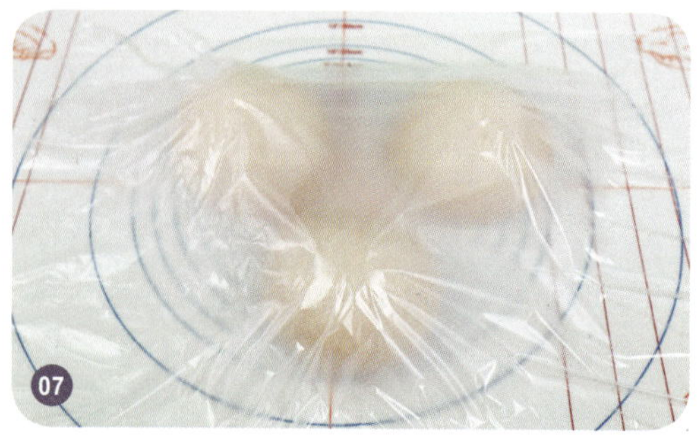

반죽을 위생비닐로 덮어 약 10분가량 중간 발효합니다.

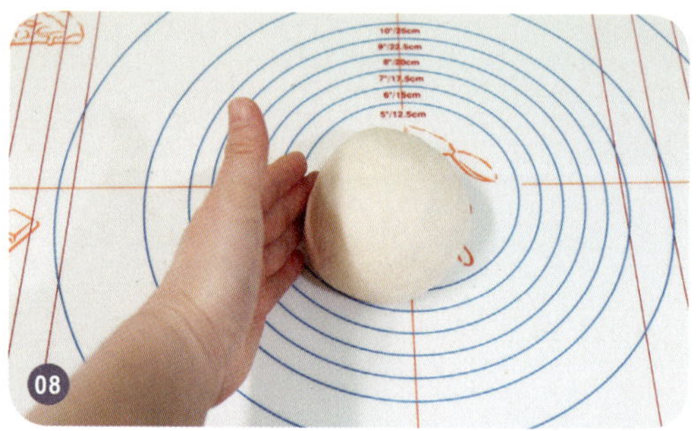

반죽을 다시 둥글리기해 가스를 살짝 제거한 후 반죽을 뒤집어 뒷면이 위로 올라오도록 합니다.

반죽을 정사각형 모양으로 밀대로 밀어줍니다. 이때 반죽이 찢어지지 않도록 덧가루를 적당히 사용하고, 힘으로 눌러 밀면 반죽이 찢어지므로 주의합니다.

초코 크림을 주걱으로 반죽에 적당히 얇게 바릅니다.

반죽의 가운데를 중심으로 양쪽이 서로 포개지게 접습니다.

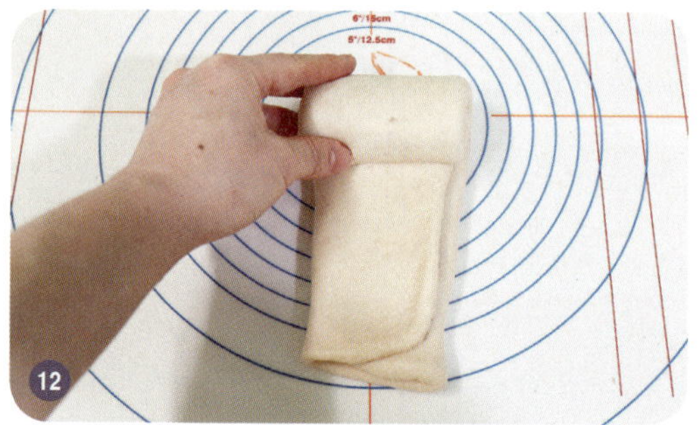

반죽에 공기가 들어가지 않도록 가볍게 누르고 위에서부터 돌돌 말아준 후 이음매가 터지지 않도록 꼼꼼하게 여밉니다.

반죽을 틀에 넣고 손등으로 적당히 누른 후 온도는 35~ 37℃, 습도는 80% 정도에서 반죽이 틀보다 약 2~3cm가 량 올라올 때까지 2차 발효합니다.

발효가 2/3 이상 진행이 되면 오븐을 구울 온도로 예열합 니다. 온도와 습도에 따라 발효 시간이 더 걸릴 수 있으니 꼭 반죽의 상태를 보고 빼도록 합니다.

예열된 오븐에 반죽을 넣고 갈색이 충분히 날 때까지 굽습 니다.

다 구워진 식빵을 틀에서 잘 빼낸 후 식힘망에 올려 완전 히 식힙니다. 다 식은 후에는 수분이 날아가지 않도록 개별 포장하고, 장기 보관 시에는 냉동 보관합니다.

씨앗 홍차 식빵

홍차에는 강력한 항산화 작용을 하는 폴리페놀의 일종인 카테킨 성분이 들어 있어 자주 마시면 건강유지에 도움을 줍니다. 홍차는 향기가 뛰어나 케이크나 디저트를 만드는 데 많이 사용하고, 특히 케이크는 달콤한 맛과 함께 어우러지는 우아한 홍차의 향이 케이크의 품격을 한층 더 올려줍니다. 여러 씨앗의 고소한 맛과 홍차의 우아한 향기를 가득 즐길 수 있는 특별한 레시피입니다.

분량

미니 식빵틀 210g 4개

굽기

컨벡션 오븐 160℃
약 18~25분

일반오븐 170~180℃
약 25~30분

Home Bakery

01

볶음 재료가 갈색이 살짝 날 때까지 프라이팬에 볶은 후 상온에서 충분히 식힙니다.

02

볶은 씨앗의 2/3를 푸드프로세서에 곱게 갈아줍니다.

🍳 미리 준비하기

• 볶음 재료는 프라이팬에 갈색이 나도록 볶아 완전히 식힌 후 2/3분량만 푸드프로세서에 갈아줍니다.
• 버터를 상온에 말랑한 상태로 준비합니다.
• 작은 그릇에 물을 넣어 준비합니다.

🥄 재료

• 반죽

강력분	450g
물	220g
달걀	1개
버터	45g
인스턴트 이스트	14g
소금	9g
설탕	45g
제과용 홍차가루	20g

• 볶음

해바라기씨, 호박씨, 참깨 적당히

03

믹싱볼에 반죽 재료와 갈아놓은 씨앗을 계량해 넣고, 물과 달걀은 함께 계량해 넣습니다. 버터는 말랑한 상태로 준비합니다.

04

저속으로 섞다가 반죽이 한 덩어리가 되면 말랑한 상태의 버터를 넣고 중속으로 매끈한 상태가 될 때까지 믹싱합니다.

05

반죽을 믹싱볼에서 꺼내 둥글리기한 후 발효볼에 넣습니다.

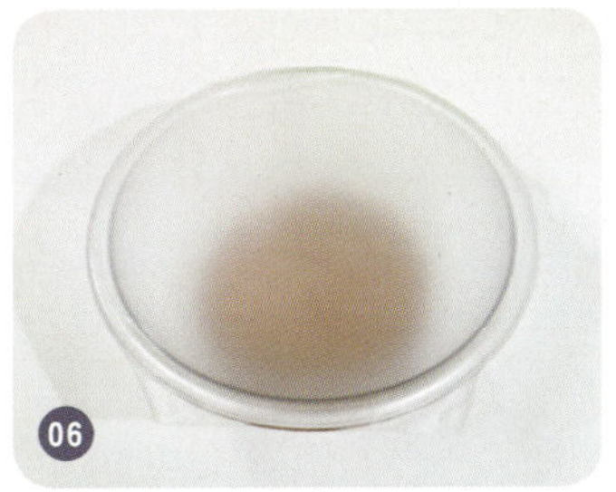

06

위생비닐을 덮어 온도는 35~37℃, 습도는 80% 정도에서 약 1시간가량 1차 발효합니다.

07

반죽이 2배 이상 부풀어 오르면 1차 발효가 다 된 상태입니다.

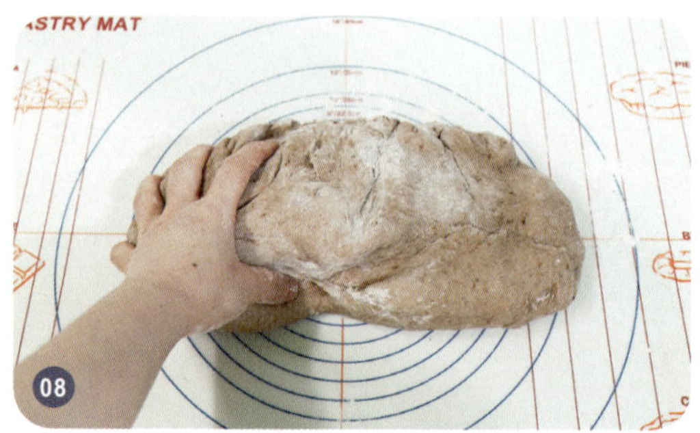

08

작업대에 들러붙지 않도록 덧가루를 살짝 뿌리고 반죽을 올린 후 적당한 힘으로 주물러 가스를 제거합니다.

09

반죽을 70g씩 분할합니다.

10

반죽을 둥글리기한 후 위생비닐을 덮어 약 10분가량 중간 발효합니다.

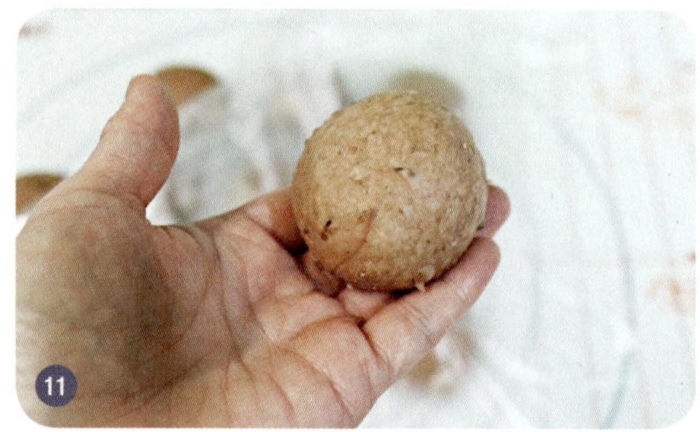

11

반죽을 다시 둥글리기한 후 뒷부분이 터지지 않도록 여밉니다.

12

작은 그릇에 물을 준비해 윗면이 매끈하게 된 반죽을 중간까지 넣어 적십니다.

물에 적신 반죽을 볶아 준비한 씨앗에 넣어 쿡 찍습니다. 이때 씨앗이 골고루 묻어나도록 적당히 힘을 가합니다.

씨앗이 가득 묻은 반죽을 틀의 가운데에 먼저 넣고, 두 덩어리를 양쪽으로 넣습니다. 틀에 반죽을 총 3개씩 넣고 손등으로 꾹꾹 누릅니다.

1차 발효 때와 같은 조건으로 반죽이 틀보다 약 1~2cm 정도 올라올 때까지 2차 발효합니다. 시간이 걸리더라도 반죽의 상태를 보고 빼도록 합니다.

사진과 같이 반죽이 틀 위로 약 1~2cm가량 올라오면 발효가 거의 다 된 상태입니다. 발효가 2/3 이상 진행이 되면 오븐을 구울 온도로 예열합니다.

발효가 완료되면 예열된 오븐에 넣어 갈색이 충분히 나도록 굽습니다.

다 구워지면 오븐에서 꺼낸 후 바닥에 한 번 탁 치고, 틀에서 바로 꺼내 식힘망에 올려 완전히 식힙니다. 다 식은 후에는 개별 포장하고, 장기 보관 시에는 냉동 보관합니다.

블루베리 식빵

세계 10대 슈퍼푸드에 선정된 블루베리는 대중의 사랑을 한 몸에 받는 건강 식재료로써 여러 요리와 디저트에 다양하게 사용하고 있습니다. 블루베리가 가득한 식빵에 블루베리잼을 듬뿍 발라 달콤하게 먹는 간식은 사랑하는 가족의 눈 건강은 물론 몸과 마음의 건강까지 챙겨주는 우리 식탁의 진정한 럭셔리 푸드가 아닐까 생각됩니다.

⬭ 분량

큐브 식빵틀 280g 4개

▱ 굽기

컨벡션 오븐 160℃
약 15~20분

일반오븐 170~180℃
약 25~30분

01 냉동 블루베리에 뜨거운 물을 넣고 믹서기에 곱게 갈아줍니다. 냉동 블루베리의 차가운 온도와 뜨거운 물이 만나 반죽하기 좋은 온도의 블루베리즙이 만들어집니다.

02 블루베리즙을 각각의 재료가 계량된 믹싱볼에 넣고 저속으로 돌려 반죽이 한 덩어리가 되도록 합니다.

미리 준비하기

- 냉동 블루베리에 뜨거운 물 대신 찬물을 사용하면 반죽 온도가 내려가 발효가 저하될 수 있습니다.
- 건조 블루베리는 미지근한 물에 미리 담가 20분가량 불린 후 물기를 제거합니다.
- 버터를 상온에 말랑한 상태로 준비합니다.

재료

• 반죽

강력분	600g
뜨거운 물	130g
버터	60g
소금	12g
설탕	60g
인스턴트 이스트	20g
탈지분유	24g
냉동 블루베리	200g

• 충전용

건조 블루베리	150g

03 말랑한 상태의 버터를 넣고 중속으로 믹싱합니다.

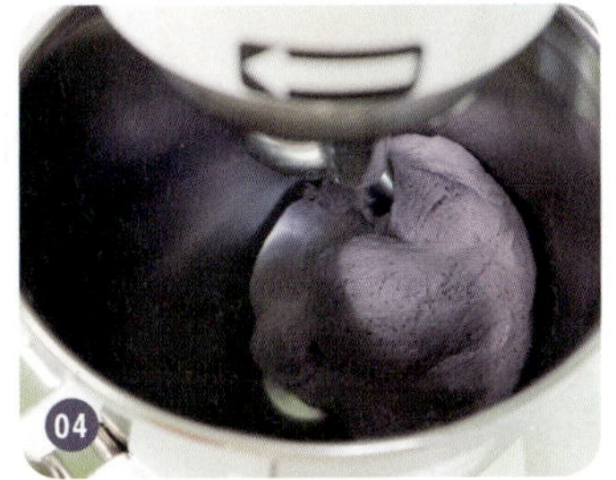

04 반죽이 어느 정도 매끈한 상태가 되고, 일부를 조금 떼어 잘 펴봤을 때 풍선껌 같은 막이 형성되면 반죽이 다 된 상태입니다.

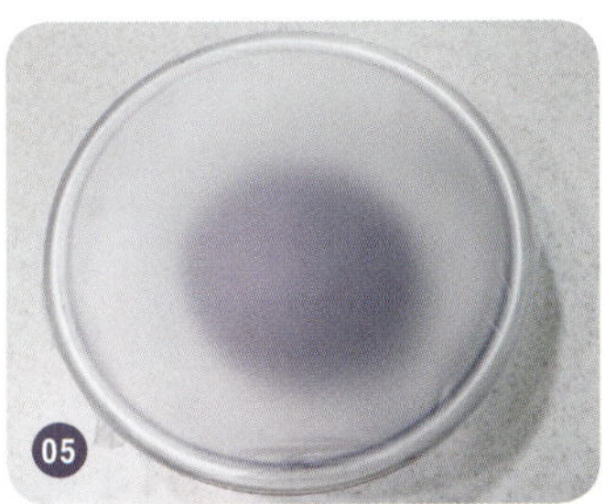

05 반죽을 믹싱볼에서 꺼내 둥글리기한 후 발효볼에 담고, 위생비닐을 덮어 온도는 약 35~37℃, 습도는 80% 정도를 유지해 약 2배 이상 부풀어 오를 때까지 1시간가량 1차 발효합니다.

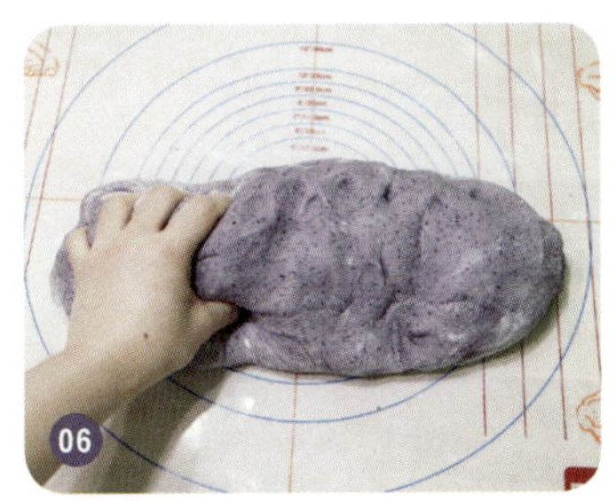

06 작업대에 반죽을 올리고 손으로 적당한 힘을 가해 가스를 제거합니다. 이때 너무 세게 주무르면 글루텐이 찢어지므로 주의합니다.

반죽을 280g씩 분할한 후 둥글리기를 합니다.

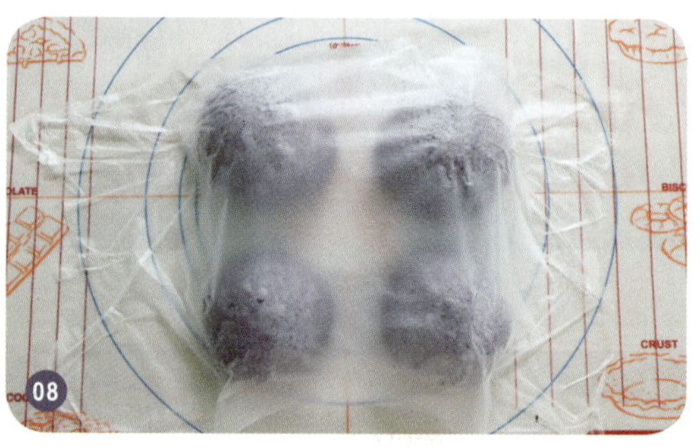

반죽이 쉴 수 있도록 위생비닐을 덮어 약 10분가량 중간 발효합니다.

반죽을 둥글리기해 가스를 살짝 제거합니다.

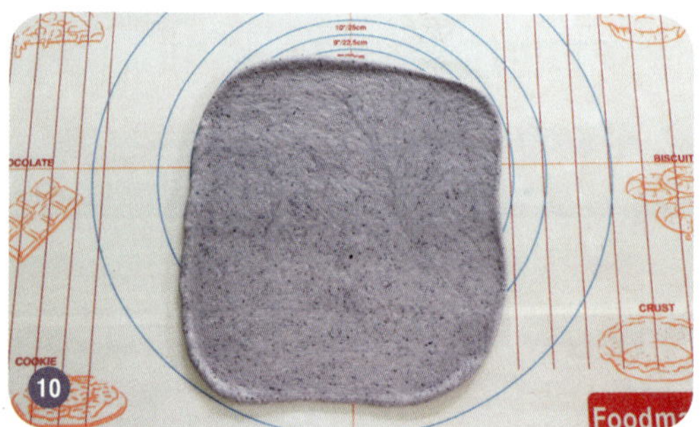

반죽을 정사각형 모양으로 밀대로 밀어준 후 손으로 눌러 잔여 가스를 제거합니다.

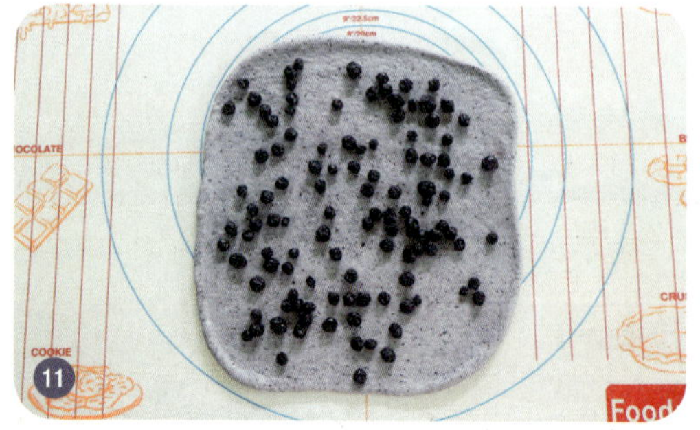

반죽 윗면에 물에 불려놓은 건조 블루베리를 골고루 뿌립니다.

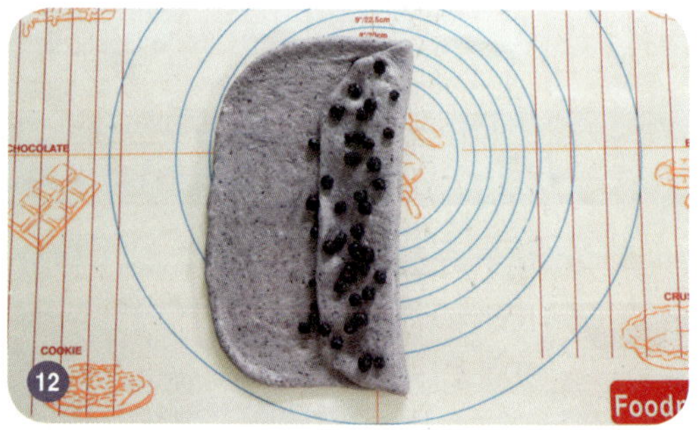

반죽의 1/3을 접은 후 접은 면 위에도 블루베리를 적당히 얹습니다.

맞은편 반죽도 같은 방식으로 포개지도록 접은 후 반죽 안에 공기가 차지 않도록 손바닥으로 적당히 꾹꾹 누릅니다.

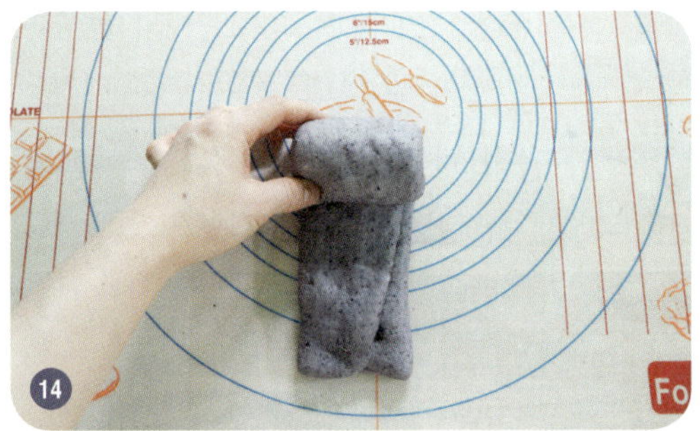

접은 반죽을 위에서부터 적당한 힘으로 말아준 후 이음매 부분이 터지지 않도록 꼼꼼하게 여밉니다.

반죽을 틀에 넣고 손등으로 적당히 누른 후 온도는 35~37℃, 습도는 80% 정도에서 반죽이 틀보다 약 3cm 이상 올라올 때까지 2차 발효합니다. 시간과는 관계없이 반드시 반죽의 상태를 보고 빼도록 합니다.

2차 발효가 2/3 이상 진행이 되면 오븐을 구울 온도로 예열합니다.

예열된 오븐에 반죽을 넣고 갈색이 충분히 나도록 굽습니다. 굽는 동안에 오븐스프링 현상이 생기면서 원래 크기보다 약간 더 커집니다.

다 구워진 식빵을 틀에서 잘 빼낸 후 식힘망에 올려 완전히 식힙니다. 다 식은 후에는 개별 포장하고, 쉽게 노화되지 않도록 장기 보관 시에는 냉동 보관합니다.

건과일 식빵

요즘은 건조과일이 매우 다양하고, 우리나라에서 나지 않는 열대과일들도 건조과일로 나와 쉽게 즐길 수 있습니다. 생과일보다 비교적 보관도 쉬워 베이킹 재료로 많이 사용합니다. 제과제빵 재료로 가장 많이 사용하는 건조 크랜베리와 건포도, 건조 블루베리, 건조 무화과 등을 듬뿍 넣어 과일의 영양과 풍미를 즐길 수 있는 건조과일 식빵 레시피입니다.

🥛 **분량**

큐브 식빵틀 300g 4개

📟 **굽기**

컨벡션 오븐 160℃
약 15~20분

일반오븐 170~180℃
약 20~25분

먼저 무화과를 제외한 건조과일을 럼주나 와인에 넣고 5분가량 그대로 둔 후 미지근한 물을 넣고 약 20분가량 불립니다.

적당히 불린 건조과일을 채반에 받쳐 물기를 충분히 뺀 후 종이 타월 등을 이용해 물기를 최대한 제거합니다.

미리 준비하기

- 건조과일을 볼에 담아 럼주 또는 알코올 도수가 높은 술을 자박자박하게 넣고 잘 버무려 5분 정도 둔 후 미지근한 물을 넣고 약 20분가량 불립니다. 어느 정도 과일이 불면 체에 받쳐 물기를 빼고, 종이 타월 등으로 꼭꼭 눌러 물기를 최대한 제거합니다.
- 버터를 상온에 말랑한 상태로 준비합니다.

재료

• 반죽

강력분	500g
물	220g
달걀	1개
버터	50g
소금	10g
설탕	25g
인스턴트 이스트	20g
탈지분유	20g
건조 크랜베리	100g
건포도	100g
건조 블루베리	100g
건조 무화과 다이스	50g
럼주나 와인 약간	

• 토핑용

옥수수가루 약간	

믹싱볼에 분량의 재료를 계량해 서로 구분되어 닿지 않게 넣고, 물과 달걀은 함께 계량해 넣습니다. 버터는 말랑한 상태로 준비합니다.

저속으로 섞다가 반죽이 한 덩어리가 되면 말랑한 상태의 버터를 넣고 중속으로 믹싱합니다.

반죽이 어느 정도 매끈한 상태가 되고, 일부를 조금 떼어 잘 펴봤을 때 풍선껌 같은 막이 형성되면 반죽이 다 된 상태입니다.

건조과일을 믹싱볼에 넣고 저속으로 반죽과 섞일 때까지 천천히 섞습니다. 이때 건조과일에 물기가 덜 제거되면 반죽이 질어질 수 있으니 주의합니다.

반죽과 건조과일이 한 덩어리로 뭉쳐지면 믹싱볼에서 꺼낸 후 건조과일이 반죽 안으로 최대한 들어갈 수 있게 밀어 넣으면서 둥글리기를 합니다.

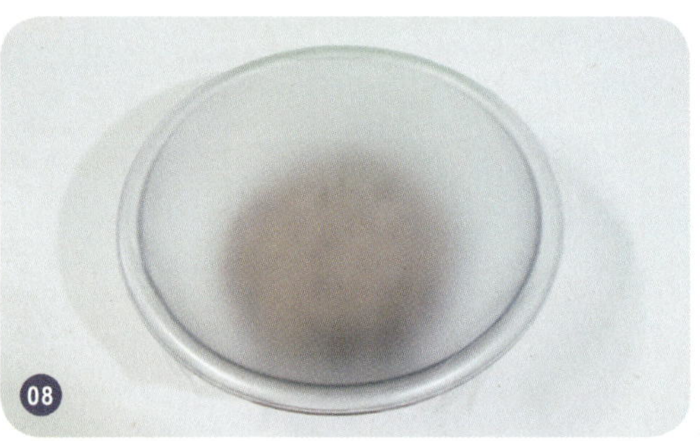

반죽을 발효볼에 넣고 위생비닐을 덮어 온도는 약 35~ 37℃, 습도는 80% 정도를 유지해 약 2배 이상 부풀어 오를 때까지 1시간가량 1차 발효합니다.

반죽을 작업대에 올리고 적당한 힘으로 주물러 가스를 제거합니다. 이때 너무 세게 주무르지 않도록 주의합니다.

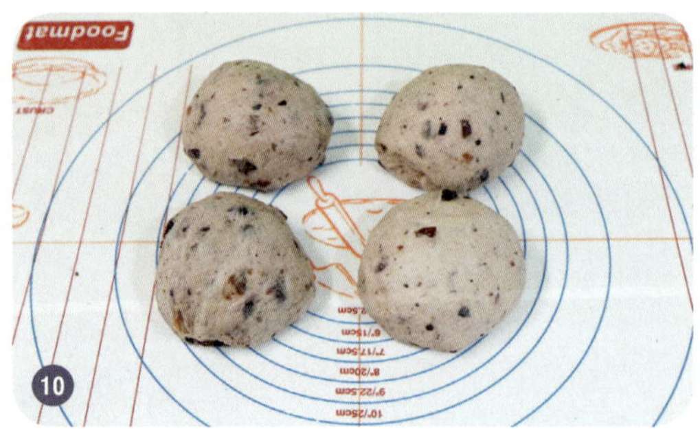

반죽을 동일한 무게로 4등분한 후 둥글리기를 합니다. 둥글리기할 때 건조과일이 밖으로 나오지 않도록 안으로 집어넣으면서 되도록 반죽만 올라오도록 합니다.

반죽에 위생비닐을 덮어 약 10분가량 중간 발효합니다.

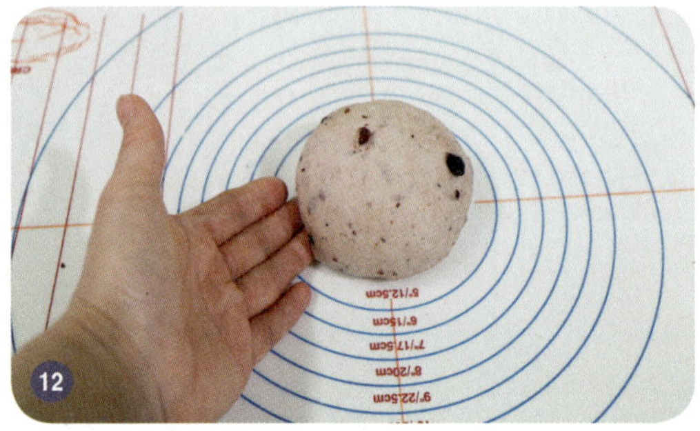

반죽을 다시 둥글리기해 가스를 충분히 제거하고 윗면을 매끈한 상태로 만듭니다.

반죽 뒷면이 터지지 않도록 과일을 최대한 반죽 안으로 밀어 넣으면서 잘 꼬집어 여밉니다.

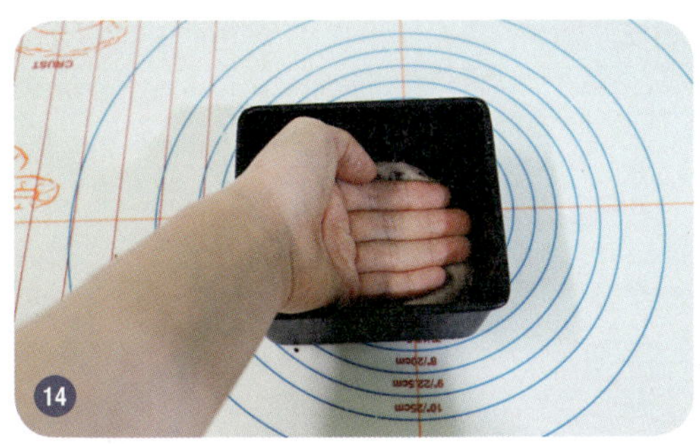

반죽을 틀에 넣고 자리를 잘 잡을 수 있도록 손등으로 꾹꾹 여러 번 누릅니다.

반죽을 1차 발효 때와 동일한 조건으로 틀보다 약 2~3cm 정도 올라올 때까지 2차 발효합니다. 반드시 반죽의 상태를 확인하고 빼도록 합니다.

발효가 약 2/3 이상 진행이 되면 오븐을 구울 온도로 예열하고, 발효가 다 되면 발효기에서 꺼냅니다.

분무기로 반죽 윗면에 물을 뿌려 충분히 적신 후 분당체로 옥수수가루를 골고루 뿌립니다. 가루가 물에 스며들 때까지 약 5분가량 그대로 둡니다.

반죽을 오븐에 넣어 갈색이 충분히 날 때까지 굽습니다. 다 구워지면 식빵을 틀에서 바로 분리한 후 식힘망에 올려 완전히 식힙니다. 다 식은 후에는 개별 포장하고, 장기 보관 시에는 빵이 노화되지 않도록 냉동 보관합니다.

고구마 식빵

대표적인 겨울철 영양 간식인 고구마는 하루에 한 개씩 먹으면 의사가 필요 없다고 할 정도로 각종 영양소와 식이섬유가 풍부하게 들어 있습니다. 요즘 고구마를 이용한 각종 디저트와 케이크 등이 소비자의 입맛에 맞춰 다양하게 개발되어 있습니다. 몸에 좋은 고구마로 만들어본 보들보들한 식빵. 달지 않고 담백해서 고구마 자체의 맛을 즐길 수 있는 레시피입니다.

분량

우유 식빵틀 2개

굽기

컨벡션 오븐 160℃
약 20~25분

일반오븐 170~180℃
약 30~35분

01 믹싱볼에 분량의 재료를 계량해 서로 구분되어 닿지 않게 넣고, 물과 달걀은 함께 계량해 넣습니다. 버터는 말랑한 상태로 준비합니다.

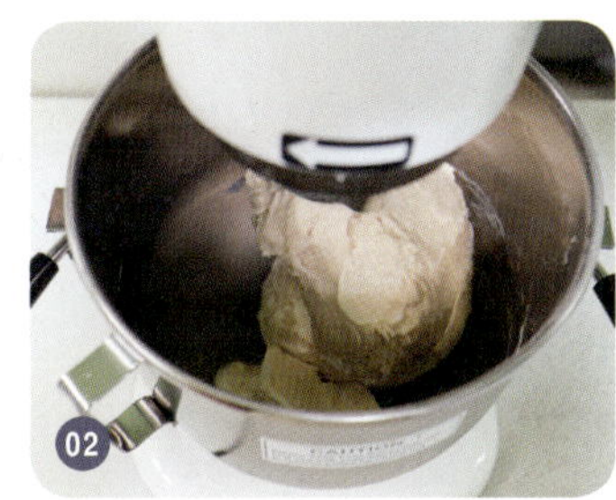

02 저속으로 섞다가 반죽이 한 덩어리가 되면 말랑한 상태의 버터를 넣고 중속으로 믹싱합니다.

03 반죽이 어느 정도 매끈한 상태가 되고, 일부를 조금 떼어 잘 펴봤을 때 풍선껌 같은 막이 형성되면 반죽이 다 된 상태입니다.

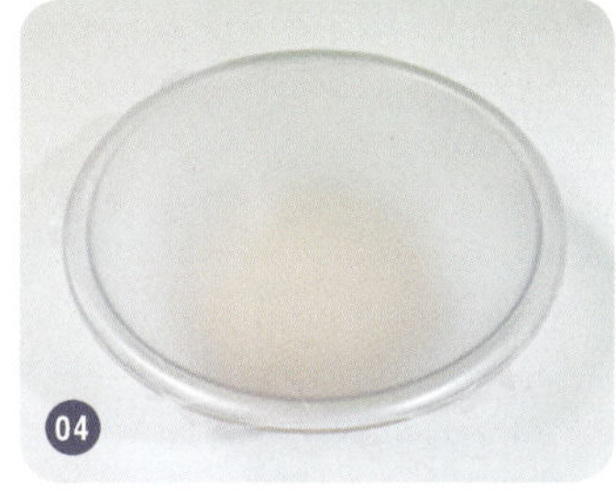

04 반죽을 믹싱볼에서 꺼내 둥글리기한 후 발효볼에 담고, 위생비닐을 덮어 온도는 약 35~37℃, 습도는 80% 정도를 유지해 1시간가량 1차 발효합니다.

05 채를 썰어 준비한 고구마를 전자레인지용 용기에 담아 분무기로 물을 살짝 뿌리고, 위생비닐을 덮은 후 전자레인지에 약 6분가량 돌려 설익을 정도로 익힙니다. 물기를 종이 타월로 적당히 제거하고, 뜨거울 때 분당을 넣어 버무립니다.

06 1차 발효가 다 되면 반죽이 2배 이상 부풀어 오르고, 반죽 속에 거미줄 같은 막이 형성됩니다. 반죽을 작업대에 올리고 충분히 주물러 가스를 제거합니다.

미리 준비하기

- 고구마를 깨끗이 씻은 후 채를 쳐 준비합니다.
- 버터를 상온에 말랑한 상태로 준비합니다.

재료

• 반죽

강력분	550g
물	250g
달걀	1개
버터	80g
소금	11g
설탕	55g
인스턴트 이스트	18g
탈지분유	20g

• 충전용

고구마 중간 크기	3개 정도
분당	50g

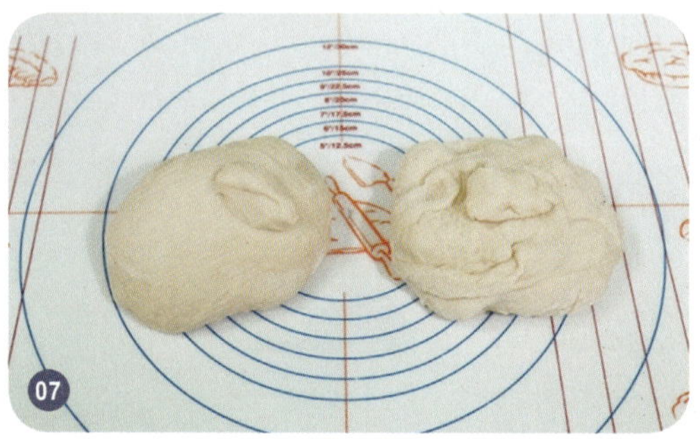

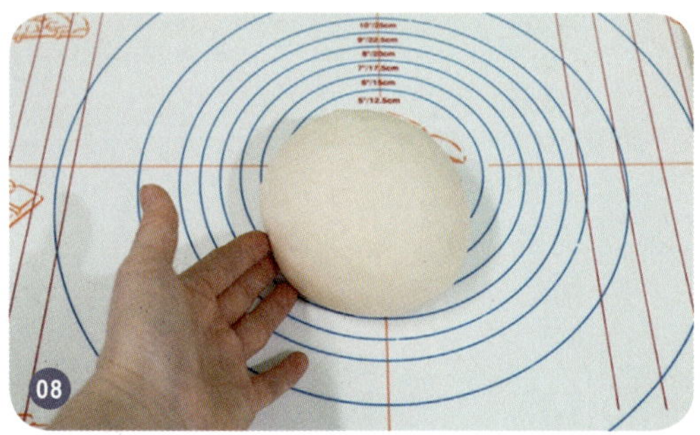

반죽을 2등분한 후 둥글리기를 합니다. 이때 글루텐이 손상되지 않도록 적당한 힘으로 굴려 윗면을 매끈하게 만들고, 위생비닐을 덮어 약 10분가량 중간 발효합니다.

잔여 가스가 적당히 빠지도록 다시 둥글리기한 후 거친 면이 위로 올라오도록 뒤집습니다.

반죽을 가로는 20~22cm 정도, 세로 길이는 40~45cm 정도로 밀대로 밀어줍니다. 이때 너무 세게 밀지 않고, 가스는 손으로 두들겨 제거합니다.

반죽 위에 준비한 고구마를 적당히 골고루 올립니다.

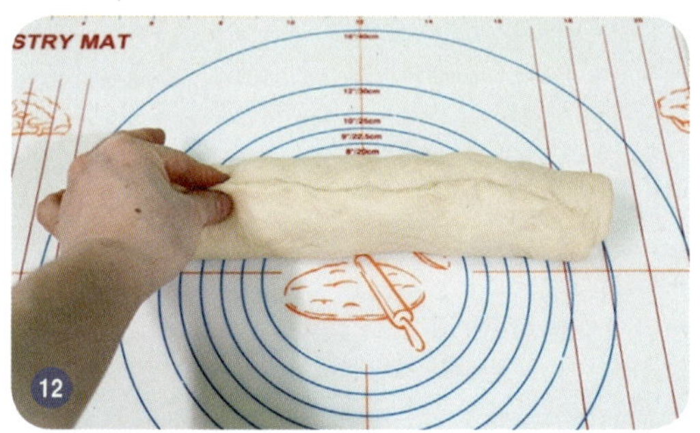

반죽을 위에서부터 공기가 들어가지 않도록 잘 눌러가면서 돌돌 말아줍니다. 이때 반죽이 너무 느슨해지지 않도록 살짝 당기면서 말아주도록 합니다.

반죽이 터지지 않도록 꼼꼼하게 여민 후 이음매가 밑으로 온 상태에서 반죽을 세로로 놓습니다.

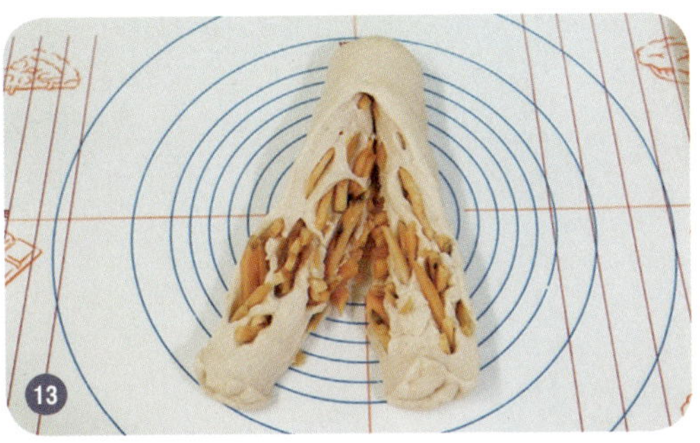

반죽의 윗부분에 약 3cm 정도만 남기고 가운데를 자릅니다.

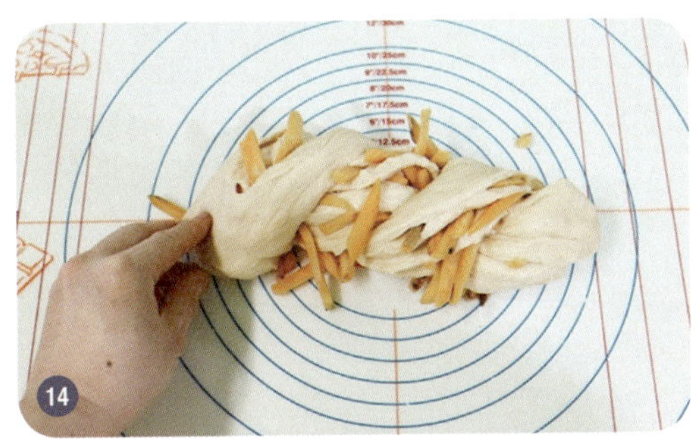

고구마가 밖으로 튀어나오지 않도록 잘 넣어주면서 꽈배기 모양으로 단단하게 꼬아줍니다.

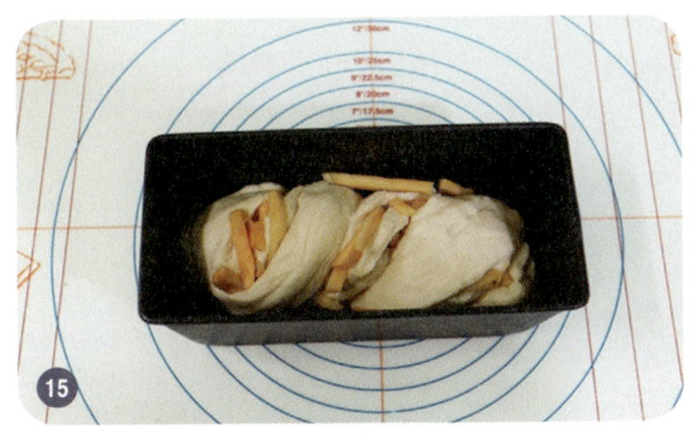

반죽의 가운데가 약간 봉긋하게 올라오도록 오므려 식빵틀에 넣은 후 손등으로 꾹꾹 잘 누릅니다.

1차 발효 때와 같은 조건으로 반죽이 틀보다 약 2~3cm 정도 올라올 때까지 2차 발효합니다. 시간이 걸리더라도 반죽의 상태를 보고 빼도록 합니다.

발효가 2/3 이상 진행이 되면 오븐을 구울 온도로 예열합니다. 발효가 완료되면 예열된 오븐에 넣어 갈색이 충분히 나도록 굽습니다.

다 구워지면 틀을 바닥에 한 번 탁 치고, 식빵을 바로 빼낸 후 식힘망에 올려 완전히 식힙니다. 다 식은 후에는 개별 포장을 하고, 고구마는 수분이 많으므로 여름철이나 바로 먹지 않을 경우 꼭 냉동 보관합니다.

검은깨 시나몬 식빵

향신료는 여러 가지 재료와 함께 어우러져 음식의 풍미를 더해주고, 요리의 품격 또한 올려줍니다. 그중에서도 4천년이라는 오랜 재배 역사를 지닌 시나몬은 세계 3대 향신료로 독특한 향과 청량감이 느껴지는 달콤한 맛 때문에 요리와 제과제빵 재료로 폭넓게 사용하고 있습니다. 특히 설탕과 함께 사용하면 달콤한 맛과 함께 어우러져 최고의 풍미를 자랑합니다.

📋 **분량**

큐브 식빵틀 280g 2개

🔲 **굽기**

컨벡션 오븐 160℃
약 15~20분

일반오븐 170~180℃
약 25~30분

01

볶은 검은깨를 충분히 식힌 후 믹서기
에 넣고 곱게 갈아줍니다.

02

반죽 속에 넣을 시나몬 설탕을 만듭니
다. 흑설탕과 시나몬 가루, 검은깨를
넣고 잘 섞습니다.

03

믹싱볼에 분량의 재료를 계량해 넣고,
물과 달걀은 함께 계량해 넣습니다.
버터는 말랑한 상태로 준비합니다.

04

저속으로 섞다가 반죽이 한 덩어리가
되면 말랑한 상태의 버터를 넣고 중속
으로 반죽이 매끈해질 때까지 믹싱합
니다.

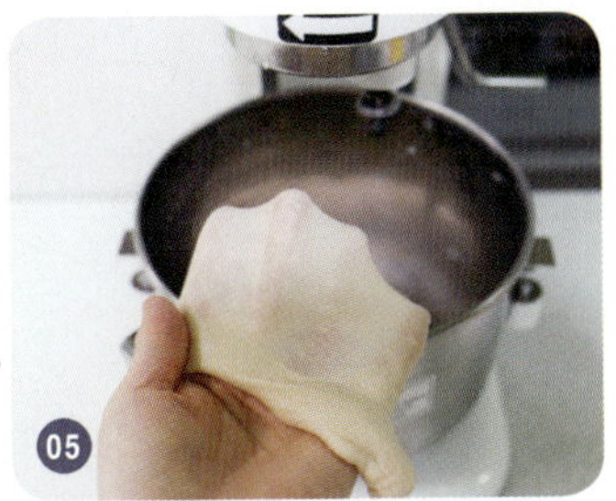

05

반죽이 어느 정도 매끈한 상태가 되
고, 일부를 조금 떼어 잘 펴봤을 때 풍
선껌 같은 막이 형성되면 반죽이 다
된 상태입니다.

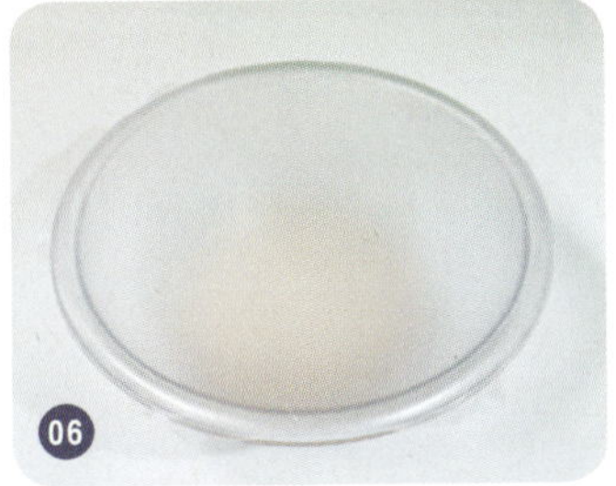

06

반죽을 믹싱볼에서 꺼내 둥글리기한
후 발효볼에 담고, 위생비닐을 덮어
온도는 약 35~37℃, 습도는 80% 정
도를 유지해 2.5배 이상 부풀어 오를
때까지 1시간가량 1차 발효합니다.

🍳 미리 준비하기

- 검은깨를 미리 볶아 식힌 후 믹서기에 갈아줍니다.
- 반죽에 바를 버터를 전자레인지에 녹여 준비합니다.
- 반죽에 넣을 버터를 상온에 말랑한 상태로 준비합니다.

🥄 재료

- 반죽

강력분	300g
물	130g
달걀	1개
버터	30g
소금	6g
설탕	30g
인스턴트 이스트	14g
탈지분유	9g

- 충전용 시나몬 설탕

흑설탕	100g
볶은 검은깨	30g
시나몬가루	12g
녹인 버터	50g

반죽을 작업대에 올리고 적당한 힘으로 주물러 가스를 충분히 제거합니다.

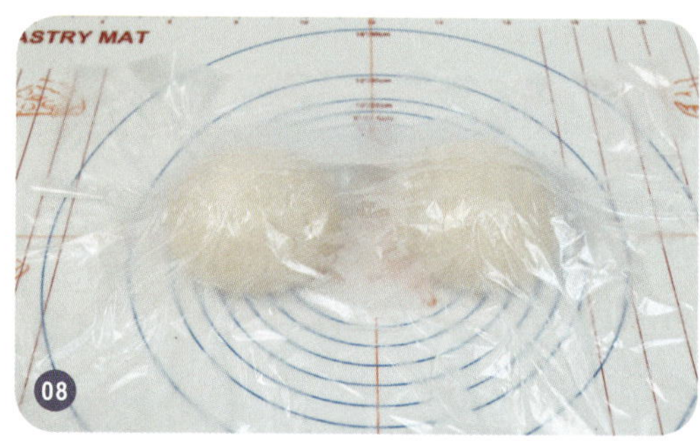

반죽을 같은 무게로 2등분한 후 둥글리기를 합니다. 둥글리기가 된 반죽을 위생비닐로 덮어 약 10분가량 중간 발효합니다.

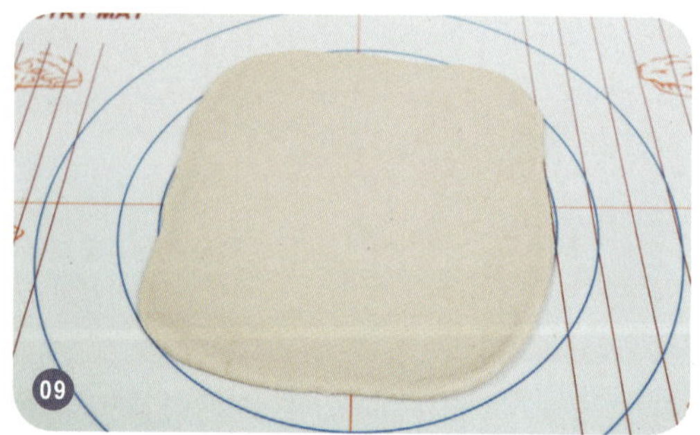

반죽을 다시 둥글리기해 잔여 가스를 제거한 후 거친 면이 위로 올라온 상태에서 밀대로 밀고, 손바닥으로 두들겨 가스를 제거합니다.

버터를 전자레인지에 돌려 녹인 후 실리콘 붓으로 반죽의 이음매 부분을 약 3cm 정도만 남기고 골고루 바릅니다.

사진과 같이 이음매 부분을 제외한 버터 윗면에 시나몬 설탕을 골고루 바릅니다.

반죽의 가운데를 중심으로 잡고 왼쪽과 오른쪽을 포개듯이 접습니다.

13

반죽을 손바닥으로 지그시 눌러 공기를 뺀 후 위에서부터 동일한 힘으로 잘 말아줍니다.

14

구울 때 시나몬 설탕이 흘러나올 수 있으니 말린 반죽의 이음매가 터지지 않도록 끝부분을 잘 여밉니다.

15

반죽을 식빵 틀에 넣고 손등으로 지그시 누릅니다.

16

온도는 35~37℃, 습도는 80% 정도에서 반죽이 틀보다 약 2~3cm 이상 올라올 때까지 2차 발효합니다. 이때 시간과 관계없이 반드시 반죽의 상태를 보고 빼도록 합니다.

17

2차 발효가 2/3 이상 진행이 되면 오븐을 예열합니다. 발효가 다 되면 예열된 오븐에 넣어 윗면에 갈색이 충분히 나도록 약 15~20분가량 굽습니다.

18

다 구워진 식빵을 틀에서 빼낸 후 식힘망에 올려 완전히 식힙니다. 다 식은 후에는 수분이 날아가지 않도록 개별 포장하고, 하루 이상 장기 보관 시에는 냉동 보관합니다.

콩가루 소보로 밤 식빵

콩가루를 밀가루와 섞어 빵이나 과자 등을 만들면 맛과 영양 면에서 우수합니다. 또 밤은 여성의 피부미용과 성인병 예방에 도움을 주고, 당류로 가공 처리한 밤 조림은 보관이 쉬워 제과제빵 재료로 많이 사용합니다. 달달한 밤 조림이 가득 들어 있는 밤 식빵은 오랫동안 대중의 사랑을 받아온 대표적인 국민 빵이라 할 수 있습니다.

분량

큐브 식빵틀 200g 3개

굽기

컨벡션 오븐 160℃
약 15~20분

일반오븐 170~180℃
약 20~25분

01

믹싱볼에 분량의 재료를 계량해 서로 구분되어 닿지 않게 넣고, 물과 달걀은 함께 계량해 넣습니다. 버터는 말랑한 상태로 준비합니다.

02

저속으로 섞다가 반죽이 한 덩어리가 되면 말랑한 상태의 버터를 넣고 중속으로 믹싱합니다.

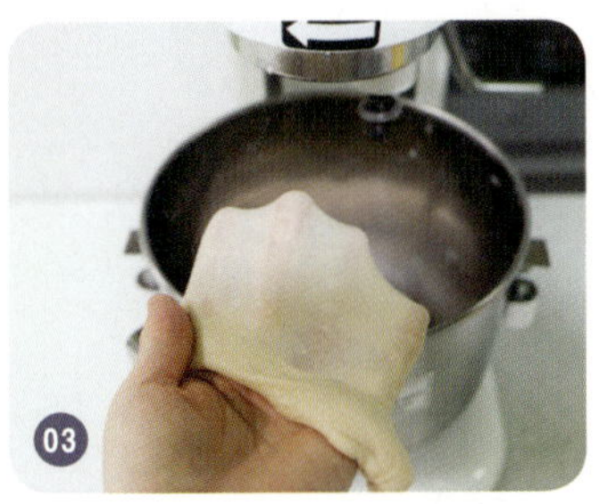

03

반죽이 어느 정도 매끈한 상태가 되고, 일부를 조금 떼어 잘 펴봤을 때 풍선껌 같은 막이 형성되면 반죽이 다 된 상태입니다.

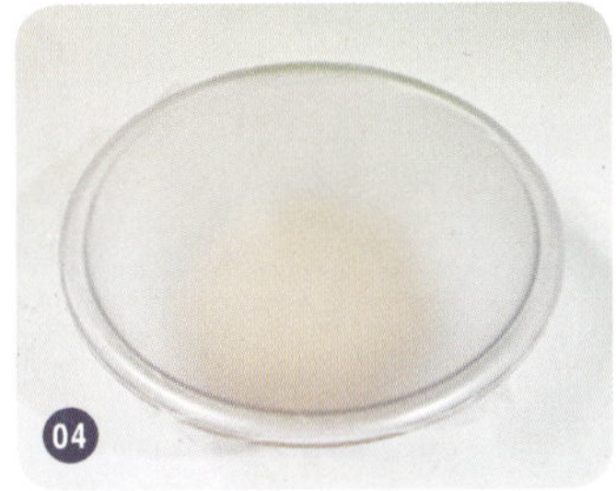

04

반죽을 믹싱볼에서 꺼내 둥글리기한 후 발효볼에 담고, 위생비닐을 덮어 온도는 약 35~37℃, 습도는 80% 정도를 유지해 1시간가량 1차 발효합니다. 온도와 습도의 변화에 따라 시간이 다소 더 걸릴 수 있습니다.

05

반죽이 2배 이상 부풀어 오르고, 반죽 속에 거미줄 같은 막이 형성되면 1차 발효가 다 된 상태입니다. 1차 발효가 되는 동안 소보로를 만듭니다.

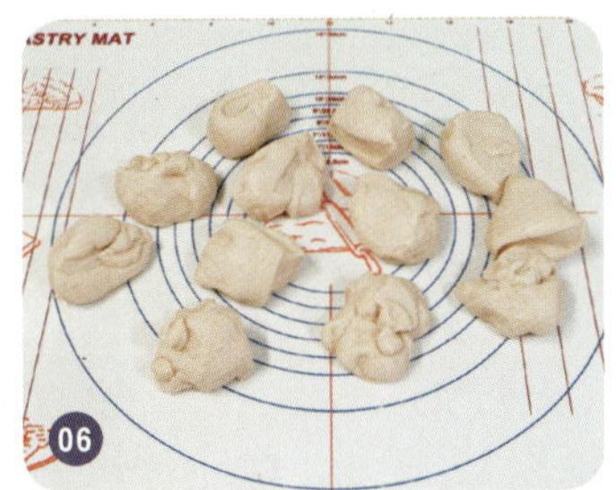

06

반죽을 50g씩 분할해 둥글리기를 합니다. 이때 글루텐이 손상되지 않도록 손바닥 위에 반죽을 올리고 적당한 힘으로 굴리며 윗면을 매끈하게 만듭니다.

미리 준비하기

- 밤 조림을 채반에 건져 물기를 제거합니다.
- 버터를 미리 상온에 말랑한 상태로 준비합니다.
- 콩가루 소보로를 미리 만들어 준비합니다 (p.31 부재료 만들기 참조).

재료

• 반죽

강력분	300g
물	130g
달걀	1개
버터	30g
소금	6g
설탕	30g
인스턴트 이스트	12g
탈지분유	12g

• 콩가루 소보로

박력분	300g
콩가루	100g
달걀	1개
버터	125g
땅콩버터	50g
소금	2g
설탕	150g
베이킹파우더	6g

• 충전용

밤 조림 적당히	

07

반죽을 위생비닐로 덮어 약 10분가량 중간 발효합니다.

08

중간 발효가 되는 동안 물기를 제거한 밤 조림과 소보로를
준비합니다.

09

반죽 윗면이 매끈해지고 잔여 가스가 적당히 빠지도록 다
시 둥글리기한 후 뒷면을 꼼꼼하게 잘 꼬집어 여밉니다.

10

반죽을 준비한 틀에 대각선으로 두 덩어리를 넣습니다.

11

소보로를 넉넉히 넣어 바닥까지 잘 채웁니다.

12

밤 조림을 적당히 넣어서 구석구석 잘 채웁니다.

13

두 덩어리의 반죽을 맞은편 대각선으로 마주 보게 쌓아 올리고, 사이사이에 소보로와 밤 조림을 반죽 위로 올라오지 않도록 꼼꼼하게 끼워 채웁니다.

14

밤 조림 위에 소보로를 넉넉히 뿌리고 손등으로 꾹꾹 누릅니다.

15

온도는 35~37℃, 습도는 80% 정도에서 틀보다 약 2cm가량 올라올 정도까지 2차 발효합니다. 2차 발효가 2/3 이상 진행이 되면 오븐을 구울 온도로 예열합니다.

16

2차 발효가 다 되면 예열된 오븐에 반죽을 넣습니다.

17

소보로까지 갈색이 나도록 충분히 구운 후 틀을 바닥에 한 번 탁 치고, 식빵을 틀에서 바로 빼줍니다. 틀에서 바로 빼지 않으면 옆구리가 잘록하게 들어갈 수 있습니다.

18

완성된 식빵을 식힘망에 올려 식힌 후 개별 포장합니다. 장기 보관 시에는 수분이 날아가지 않도록 냉동 보관합니다.

흑임자 소보로 식빵

고소한 검은깨가 가득 들어간 바삭한 소보로와 함께 부드럽게 씹히는 빵의 속살이 일품인 영양 많은 건강 간식 흑임자 소보로 식빵입니다. 담백하게 크림치즈 등을 발라서 간단하게 먹어도 좋고, 바쁜 아침에 가족의 아침 식 사용으로 각종 채소와 연어 또는 햄, 치즈 등을 입맛에 맞게 넣어 샌드위치 로 만들면 더욱 좋습니다.

분량

16cm 원형틀 320g 2개

굽기

컨벡션 오븐 160℃
약 15~20분

일반오븐 170~180℃
약 25~30분

01

믹싱볼에 분량의 재료를 계량해 서로 구분되어 닿지 않게 넣고, 물과 달걀은 함께 계량해 넣습니다. 버터는 말랑한 상태로 준비합니다.

02

저속으로 섞다가 반죽이 한 덩어리가 되면 말랑한 상태의 버터를 넣고 중속으로 믹싱합니다.

03

반죽이 어느 정도 매끈한 상태가 되고, 일부를 조금 떼어 잘 펴봤을 때 풍선껌 같은 막이 형성되면 반죽이 다 된 상태입니다.

04

반죽을 믹싱볼에서 꺼내 둥글리기한 후 발효볼에 담습니다.

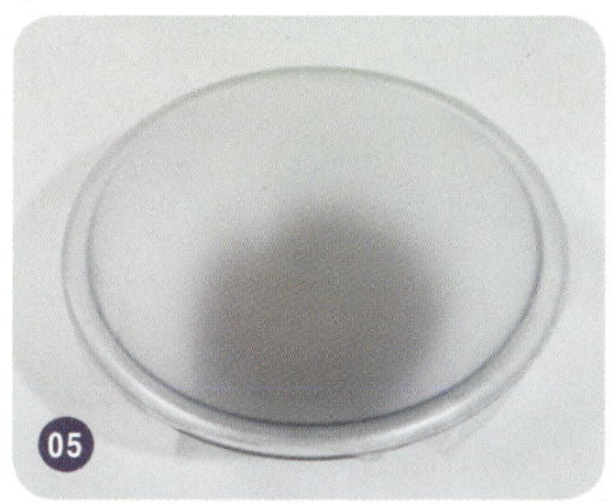

05

위생비닐을 덮어 온도는 약 35~37℃, 습도는 80% 정도를 유지해 1시간가량 1차 발효합니다. 1차 발효가 되는 동안 흑임자 소보로를 만들어 준비합니다.

06

반죽이 2배 이상 부풀어 오르면 1차 발효가 다 된 상태입니다.

미리 준비하기

- 반죽에 넣을 검은깨를 미리 볶아 믹서기에 곱게 갈아 준비합니다.
- 흑임자 소보로를 미리 만들어 준비합니다 (p.31 부재료 만들기 참조).
- 버터를 상온에 말랑한 상태로 준비합니다.

재료

• 반죽

강력분	350g
물	160g
달걀	1개
버터	52g
소금	7g
설탕	35g
인스턴트 이스트	12g
탈지분유	10g
볶은 검은깨	25g

• 흑임자 소보로

박력분	350~400g
달걀	1개
버터	130g
땅콩버터	50g
소금	3g
설탕	150g
베이킹파우더	6g
볶은 검은깨	50g

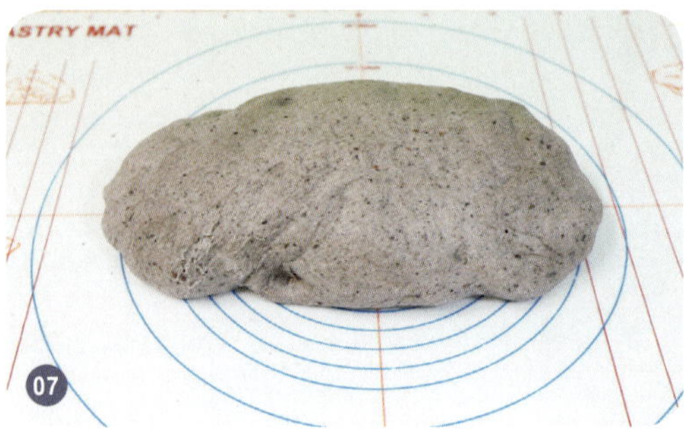

작업대에 반죽을 올리고 손으로 적당한 힘을 가해 가스를 제거합니다.

반죽을 80g씩 분할한 후 둥글리기를 합니다.

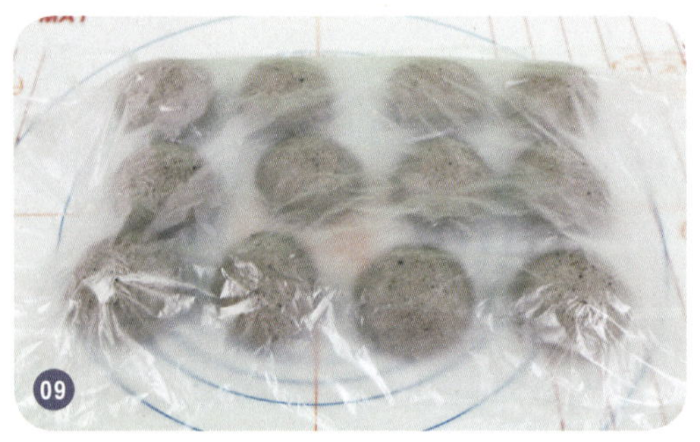

반죽을 위생비닐로 덮어 약 10분가량 중간 발효합니다.

중간 발효가 되는 동안 준비한 소보로를 원형틀 바닥에 약 1cm가량 깔아줍니다.

반죽을 다시 둥글리기한 후 뒷면을 꼬집어 꼼꼼히 여밉니다.

반죽을 틀에 네 덩어리씩 넣어 윗면에 분무기로 물을 살짝 뿌리고, 소보로를 적당히 올린 후 손등으로 꾹꾹 누릅니다.

1차 발효 때와 같은 조건으로 2차 발효합니다. 틀 높이보다 반죽이 약 1~2cm 정도 올라오면 발효가 다 된 상태입니다.

윗면에 다시 소보로를 적당히 더 올린 후 예열된 오븐에 넣어 갈색이 충분히 날 때까지 약 15~20분가량 굽습니다.

다 구워지면 바로 틀에서 분리합니다. 이때 소보로가 굳지 않은 상태라 부서질 수 있으니 주의합니다.

분리한 빵을 식힘망에 올려 완전히 식힙니다. 다 식은 후에는 개별 포장하고, 장기 보관 시에는 냉동 보관합니다.

쑥 식빵

쑥은 피를 맑게 하고 혈액순환을 원활하게 하며, 부인병과 성인병 예방에 탁월한 효과가 있습니다. 쑥의 독특한 향을 내는 시네올이라는 성분은 강력한 해독작용이 있어 우리 몸의 면역기능을 도와 몸을 깨끗이 해주는 작용을 합니다. 가족의 건강을 위해 몸에 좋은 쑥을 듬뿍 넣어 별미 간식으로도 좋고 아침식사 대용으로도 좋은 식빵을 만들어보세요.

분량

큐브 식빵틀 280g 4개

굽기

컨벡션 오븐 160℃
약 15~20분

일반오븐 170~180℃
약 25~30분

01

믹싱볼에 분량의 재료를 계량해 서로 구분되어 닿지 않게 넣고, 물과 달걀은 함께 계량해 넣습니다. 버터는 말랑한 상태로 준비합니다.

02

저속으로 섞다가 반죽이 한 덩어리가 되면 말랑한 상태의 버터를 넣고 중속으로 믹싱합니다.

03

반죽이 어느 정도 매끈한 상태가 되고, 일부를 조금 떼어 잘 펴봤을 때 풍선껌 같은 막이 형성되면 반죽이 다 된 상태입니다.

04

쑥을 삶아서 찬물에 헹구고 물기를 최대한 꼭 짠 후 채반에 잘 풀어 수분을 날립니다.

05

스크래퍼를 사용해 반죽을 잘라 가면서 쑥을 잘 섞습니다. 쑥에 약간의 물기가 있어 반죽이 손에 붙거나 살짝 질어질 수 있으니 덧가루를 적당히 사용해 섞습니다.

06

반죽을 한 덩어리로 뭉쳐 둥글리기한 후 발효볼에 담고, 위생비닐을 덮어 온도는 약 35~37℃, 습도는 80% 정도를 유지해 1시간가량 1차 발효합니다.

🍳 미리 준비하기

- 쑥을 뜨거운 물에 적당히 데쳐 물기를 꼭 짠 후 채반에 잘 풀어 반죽하는 동안 수분을 날립니다.
- 버터를 상온에 말랑한 상태로 준비합니다.

🥄 재료

강력분	600g
물	290g
달걀	1개
버터	60g
소금	12g
설탕	60g
인스턴트 이스트	20g
탈지분유	24g
데친 쑥	100g

07

반죽이 2배 이상 부풀어 올라 1차 발효가 다 되면 반죽을 작업대에 올린 후 적당한 힘으로 주물러 가스를 제거합니다.

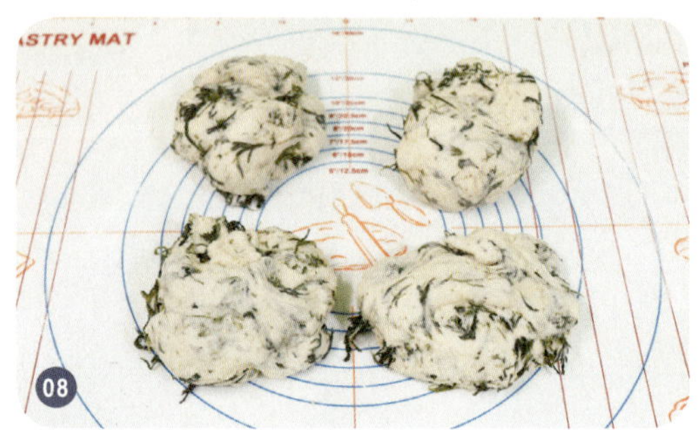

08

반죽을 쑥이 골고루 들어가도록 280g씩 분할합니다.

09

반죽을 둥글리기한 후 윗면에 위생비닐을 덮어 약 10분가량 중간 발효합니다.

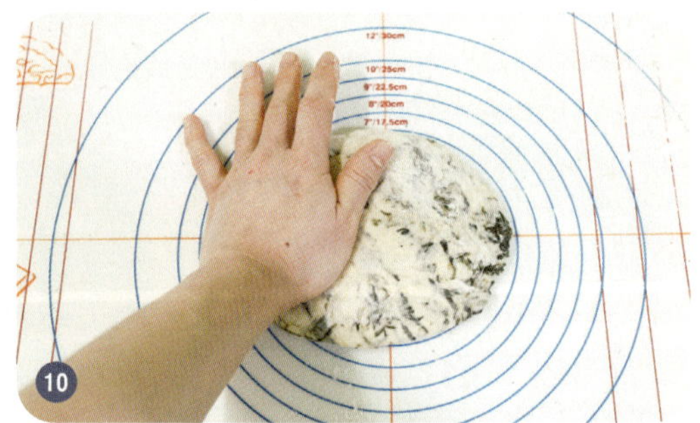

10

반죽을 다시 둥글리기한 후 거친 면이 위로 올라온 상태에서 손바닥으로 꾹꾹 눌러 가스를 제거합니다.

11

반죽을 직사각형 모양으로 밀대로 밀어줍니다. 밀대 질을 할 때는 너무 세게 눌러 반죽의 글루텐이 찢어지지 않도록 주의합니다.

12

가운데를 중심으로 반 정도 겹쳐지게 양쪽을 접고, 손바닥으로 꾹꾹 눌러 공기를 제거합니다.

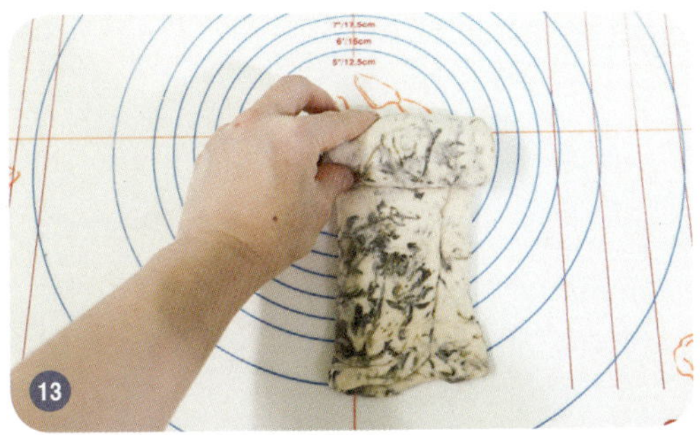

접은 반죽을 위에서부터 돌돌 말아준 후 손에 들고 이음매
가 터지지 않도록 꼭꼭 눌러 잘 여밉니다.

반죽을 틀에 넣고 손등으로 적당히 누른 후 2차 발효합니
다. 온도와 습도는 1차 발효 때와 동일하게 하고, 시간과는
관계없이 반죽이 틀보다 약 3cm 이상 올라오면 빼줍니다.

발효가 2/3 이상 진행이 되면 오븐을 구울 온도로 예열합
니다. 발효가 끝나면 오븐에 넣어 약 20분가량 윗면의 색
이 갈색으로 충분히 날 때까지 굽습니다.

다 구워지면 틀을 바닥에 한 번 탁 치고, 식빵을 틀에서 바
로 빼줍니다.

식빵을 타공판에 올려 완전히 식힙니다. 다 식은 후에는 개
별 포장하고, 하루 이상 장기 보관할 때는 수분이 날아가지
않도록 냉동 보관합니다.

부추 식빵

부추는 강한 해독작용이 있어 식중독이나 천식이 있을 때 즙을 내서 마시면
탁월한 완화 효과가 있고, 강력한 항산화 작용을 하는 베타카로틴이 풍부하
게 들어있어 건강과 젊음을 유지해 주는 우리 몸에 아주 좋은 채소입니다.
부추를 밀가루와 함께 먹으면 소화를 돕고 속이 편하므로 제과제빵 재료로
아주 좋습니다.

🥤 **분량**

미니 식빵틀 240g 4개

📟 **굽기**

컨벡션 오븐 160℃
약 15~20분

일반오븐 170~180℃
약 25~30분

01 부추를 흐르는 물에 깨끗이 씻은 후 종이 타월로 물기를 최대한 제거합니다.

02 물기가 제거된 부추를 잘게 다집니다.

미리 준비하기

- 부추를 깨끗이 씻어 종이 타월로 물기를 제거한 후 잘게 다져 준비합니다.
- 버터를 상온에 말랑한 상태로 준비합니다.

재료

강력분	500g
물	240g
달걀	1개
버터	75g
소금	10g
설탕	75g
인스턴트 이스트	18g
탈지분유	20g
부추 한 줌	

03 믹싱볼에 분량의 재료를 계량해 서로 구분되어 닿지 않게 넣고, 물과 달걀은 함께 계량해 넣습니다. 버터는 말랑한 상태로 준비합니다.

04 저속으로 섞다가 반죽이 한 덩어리가 되면 말랑한 상태의 버터를 넣고 중속으로 믹싱합니다.

05 반죽이 어느 정도 매끈한 상태가 되고, 일부를 조금 떼어 잘 펴봤을 때 풍선껌 같은 막이 형성되면 반죽이 다 된 상태입니다.

06 반죽을 작업대에 올리고 부추를 섞습니다. 기계를 사용할 시에는 저속으로 섞고, 부추가 뭉개지지 않도록 주의합니다.

부추와 반죽이 한 덩어리로 잘 뭉쳐질 때까지 스크래퍼를 이용해 반죽을 잘라가면서 잘 섞습니다.

반죽을 윗면이 매끈하게 둥글리기한 후 발효볼에 넣고, 위생비닐을 덮어 온도는 약 35~37℃, 습도는 80% 정도를 유지해 1시간가량 1차 발효합니다.

1차 발효가 다 되면 반죽이 2배 이상 부풀어 오르고, 반죽을 들어 올렸을 때 거미줄 같은 막이 형성됩니다.

반죽을 작업대에 올리고 충분히 주물러 가스를 제거합니다. 이때 글루텐이 손상되지 않도록 적당한 힘을 가해 주무릅니다.

반죽을 80g씩 분할한 후 윗면이 매끈해지도록 손바닥에 올려 둥글리기를 합니다.

반죽에 위생비닐을 덮어 약 10분가량 중간 발효합니다.

윗면이 팽팽하게 보일 정도로 반죽을 매끈하게 둥글리기하고, 뒷면을 잘 꼬집어 터지지 않도록 여밉니다.

반죽을 미니 식빵틀의 가운데에 먼저 하나 넣은 후 양쪽에 차례로 넣습니다. 이렇게 넣어야 가운데가 살짝 봉긋한 식빵이 만들어집니다.

반죽을 1차 발효 때와 동일하게 온도는 35~37℃, 습도는 80% 정도에서 반죽이 틀보다 약 2~3cm가량 올라올 정도까지 2차 발효합니다.

발효가 2/3 이상 진행이 되면 오븐을 구울 온도로 예열하고, 발효가 완료되면 바로 넣어 갈색이 충분히 나도록 굽습니다.

구운 식빵을 오븐에서 꺼내 바닥에 한 번 탁 치고, 틀에서 바로 빼낸 후 식힘망에 올려 식힙니다. 다 식은 후에는 개별 포장하고, 하루 이상 장기 보관 시에는 냉동 보관합니다.

양파 햄 식빵

양파는 매운맛과 함께 알싸한 맛이 있지만, 익으면 단맛이 나는 게 특징이라 베이킹 재료로 자주 사용하곤 합니다. 특히 한 끼 식사로 좋은 조리빵이나 키슈 등에 치즈, 햄, 옥수수 그리고 피망과 함께 사용하면 빵의 풍미를 살리고, 맛을 한층 깔끔하게 만드는 재료입니다.

📖 **분량**

우유 식빵틀 480g 2개

🔲 **굽기**

컨벡션 오븐 160℃
약 20~25분

일반오븐 170~180℃
약 30~35분

01

믹싱볼에 분량의 재료를 계량해 서로 구분되어 닿지 않게 넣고, 물과 달걀은 함께 계량해 넣습니다. 버터는 말랑한 상태로 준비합니다.

02

저속으로 섞다가 반죽이 한 덩어리가 되면 말랑한 상태의 버터를 넣고 중속으로 믹싱합니다.

03

반죽이 어느 정도 매끈한 상태가 되고, 일부를 조금 떼어 잘 펴봤을 때 풍선껌 같은 막이 형성되면 반죽이 다 된 상태입니다.

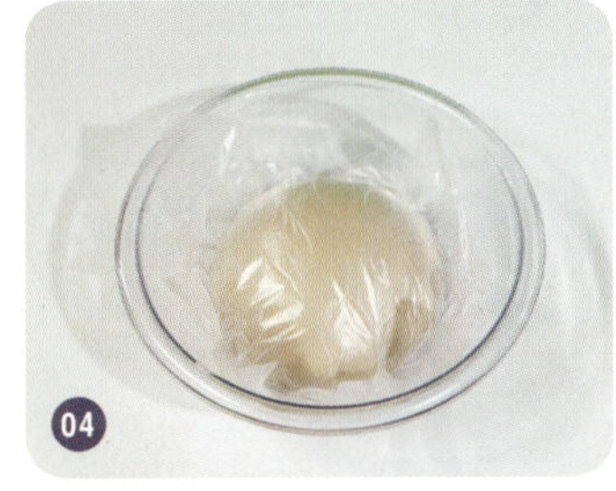

04

반죽을 믹싱볼에서 꺼내 둥글리기한 후 발효볼에 담고, 위생비닐을 덮어 온도는 약 35~37℃, 습도는 80% 정도를 유지해 1시간가량 1차 발효합니다.

05

충전물을 준비합니다. 프라이팬에 썰어 둔 햄과 양파와 식용유, 소금, 그리고 후추를 넣습니다. 양파의 모양이 살아있을 정도로만 센 불에서 살짝 볶습니다.

06

반죽이 2배 이상 부풀어 올라 발효가 다 되면 작업대에 올리고 손으로 적당한 힘을 가해 가스를 제거합니다.

🍞 미리 준비하기

- 양파는 껍질을 벗겨 씻은 후 채를 썰어 준비합니다.
- 햄을 양파와 같은 두께로 채를 썰어 준비합니다.
- 버터를 상온에 말랑한 상태로 준비합니다.

🥄 재료

- **반죽**

강력분	500g
물	250g
달걀	1개
버터	50g
소금	10g
설탕	50g
인스턴트 이스트	18g
탈지분유	15g

- **충전용**

양파 중간 크기	2개
햄	200g
소금	2g
후춧가루 약간	
식용유	2큰술

- **소스**

케첩과 마요네즈 (머스터드소스 사용 가능)	각 100g 내외

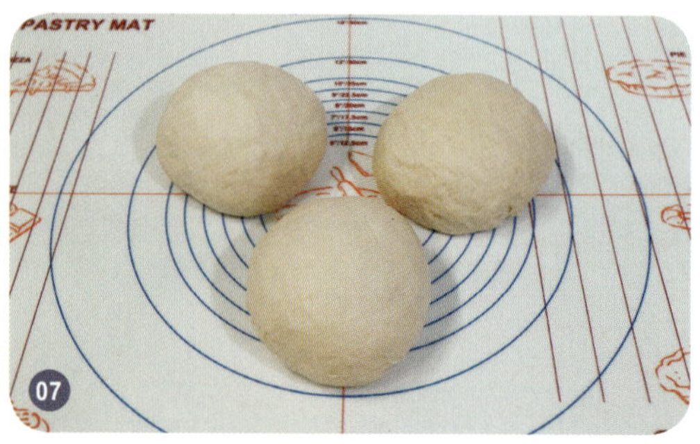

반죽을 480g씩 분할해 둥글리기한 후, 위생비닐을 덮어 약 10분가량 중간 발효합니다.

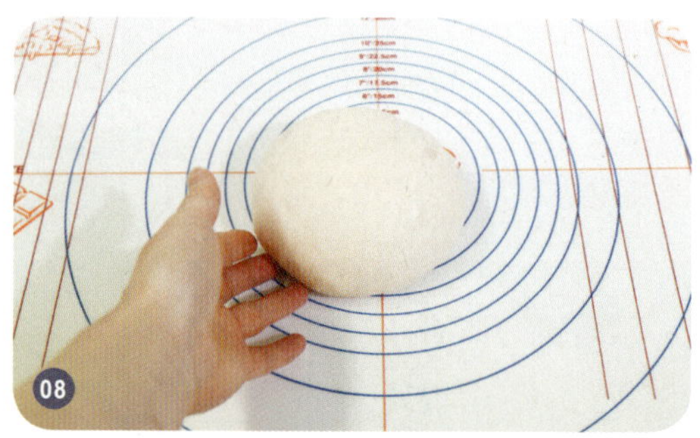

반죽을 다시 둥글리기해 잔여 가스를 제거하고, 거친 면이 위로 올라오도록 둡니다.

손으로 대충 사각 모양을 잡고, 가로는 20~25cm 정도, 세로 길이는 40~45cm 정도로 밀대로 밀어줍니다. 손바닥으로 두들겨 남은 가스를 제거하고, 반죽이 말리지 않도록 아래 여밈 부분을 작업대에 밀착해 붙입니다.

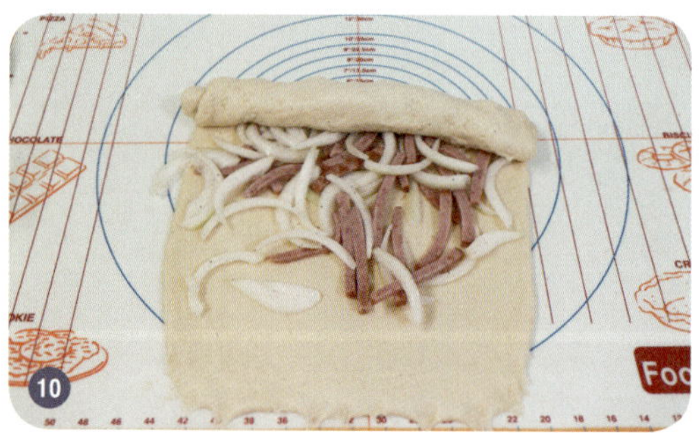

준비한 충전물을 윗면에 골고루 올린 후 위에서부터 공기가 들어가지 않도록 잘 누르며 돌돌 말아줍니다. 이때 반죽이 너무 느슨해지지 않도록 살짝 당기면서 말아줍니다

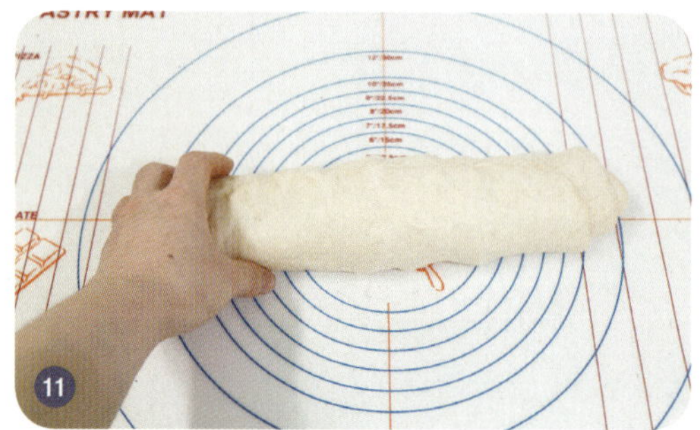

반죽이 터지지 않도록 꼼꼼히 잘 여밉니다.

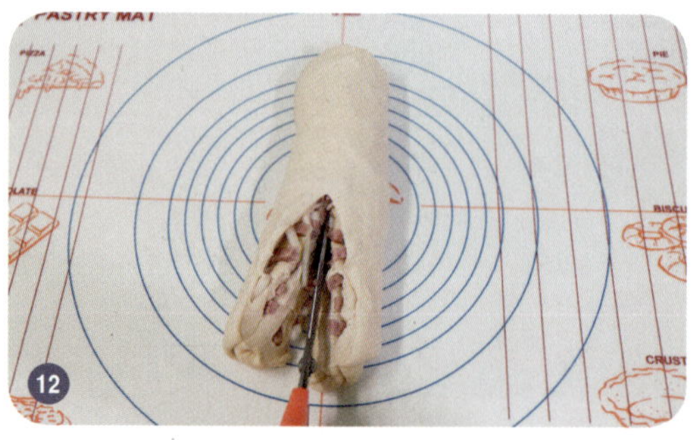

반죽의 이음매 부분이 밑으로 오도록 한 후 가위로 반죽이 약 3cm 정도만 남도록 자릅니다.

내용물이 튀어 나오지 않도록 잘 넣으며 꽈배기 모양으로 타이트하게 꼬아줍니다. 반죽의 끝부분이 벌어지지 않도록 최대한 잘 여민 후 식빵틀에 넣습니다.

공기가 들어가지 않도록 반죽을 손등으로 꾹꾹 누르고, 1차 발효 때와 동일한 조건으로 반죽이 틀보다 약 2~3cm 가량 올라올 정도까지 2차 발효합니다.

발효가 2/3 이상 진행이 되면 오븐을 예열하고, 발효가 다 되면 짤주머니에 마요네즈와 케첩을 준비합니다.

틀 밖으로 소스가 떨어지지 않도록 윗면에 골고루 올립니다.

오븐에 진한 갈색이 충분히 나도록 굽고, 옆면까지 색이 충분히 나도록 합니다. 일반 식빵보다는 색을 약간 더 진하게 내야 빵이 쓰러지지 않습니다.

다 구워지면 틀에서 조심히 빼낸 후 식힘망에 올려 식힙니다. 다 식은 후에는 개별 포장하고, 장기 보관 시에는 냉동 보관합니다.

단호박 강낭콩 식빵

단호박은 단맛이 강해 요리나 디저트 등에 많이 이용하는데, 특히 제과제빵 재료로 활용하면 좀 더 맛있고 영양 많은 다양한 제품을 만들 수 있습니다. 식빵 반죽에 단호박을 사용하고, 충전 재료로 당절임한 팥이나 강낭콩 등을 넣으면 단호박의 담백한 맛과 잘 어울려 영양까지 더한 맛있는 식빵을 만들 수 있습니다.

▤ 분량

미니 식빵틀 220g 4개

▣ 굽기

컨벡션 오븐 160℃
약 15~20분

일반오븐 170~180℃
약 25~30분

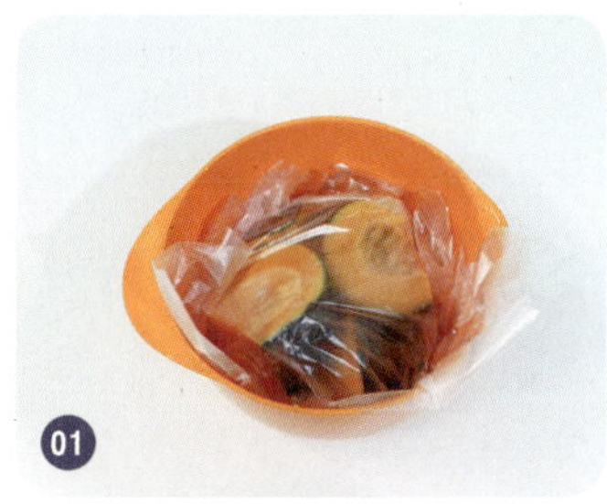

01

단호박을 씻어 4등분해 전자레인지용 용기에 넣고, 분무기로 물을 약간 뿌린 후 위생비닐을 덮어 전자레인지에 약 5~6분가량 찝니다.

02

다 쪄진 단호박을 거품기로 대충 으깹니다.

미리 준비하기

- 단호박을 깨끗이 씻어 4등분하고, 물을 약간 적신 후 위생비닐을 덮어 전자레인지에 5~6분가량 찝니다.
- 버터를 상온에 말랑한 상태로 준비합니다.

재료

• 반죽

강력분	450g
물	160g
달걀	1개
버터	45g
인스턴트 이스트	16g
설탕	20g
소금	9g
탈지분유	16g
찐 단호박	100g

• 충전용

강낭콩배기	200~300g

03

믹싱볼에 으깬 단호박과 분량의 재료를 계량해 서로 구분되어 닿지 않게 넣고, 물과 달걀은 함께 계량해 넣습니다.

04

저속으로 섞다가 반죽이 한 덩어리가 되면 말랑한 상태의 버터를 넣고 중속으로 믹싱합니다.

05

반죽이 어느 정도 매끈한 상태가 되고, 일부를 조금 떼어 잘 펴봤을 때 풍선껌 같은 막이 형성되면 반죽이 다 된 상태입니다.

06

반죽을 믹싱볼에서 꺼내 윗면이 매끈하도록 둥글리기한 후 위생비닐을 덮어 온도는 약 35~37℃, 습도는 80% 정도를 유지해 1차 발효합니다.

반죽이 2배 이상 부풀어 오르고, 반죽을 들었을 때 거미줄 같은 조직이 형성되면 발효가 다 된 상태입니다. 반죽을 작업대에 올리고 적당히 주물러 가스를 제거한 후 110g씩 분할합니다.

반죽을 윗면이 매끈하도록 둥글리기한 후 위생비닐을 덮어 약 10분가량 중간 발효합니다.

중간 발효가 되는 동안 강낭콩배기를 반죽 속에 넣기 좋게 적당한 크기로 대충 다집니다.

반죽을 다시 둥글리기하고, 거친 면이 위로 올라오도록 합니다. 정사각형 모양으로 밀대로 밀어준 후 윗면에 다진 강낭콩을 적당히 올립니다.

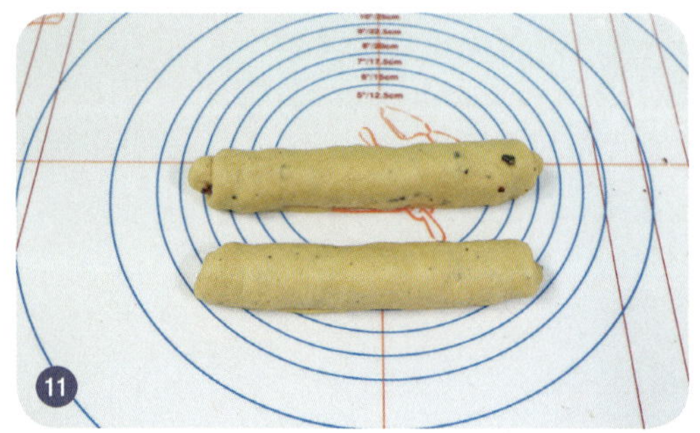

공기가 들어가지 않도록 위에서부터 돌돌 말아준 후 끝부분이 풀어지지 않도록 꼼꼼히 여밉니다.

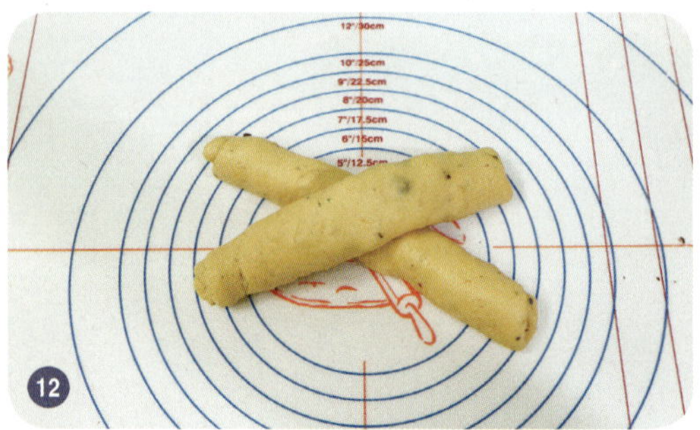

성형이 완료된 반죽 2개를 엑스(X)자 형태로 놓고 꽈배기 모양으로 꼬아줍니다.

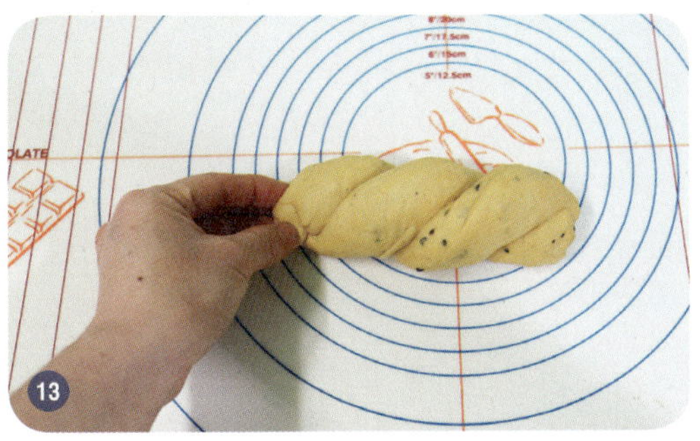

반죽이 잘 꼬아지면 풀어지지 않도록 양 끝을 대충 여밉니다.

준비한 틀에 반죽을 넣고 손등으로 꾹꾹 누릅니다.

온도는 35~37℃, 습도는 80% 정도에서 반죽이 틀보다 약 2~3cm가량 올라올 정도까지 2차 발효합니다. 이때 시간과는 관계없이 반드시 반죽의 상태를 보고 빼도록 합니다.

발효가 2/3 이상 진행이 되면 오븐을 구울 온도로 예열합니다. 예열된 오븐에 반죽을 넣고 갈색이 나도록 충분히 굽습니다.

다 구워지면 오븐에서 꺼낸 후 바닥에 틀을 한 번 탁 치고, 틀에서 바로 반죽을 빼줍니다.

식빵을 식힘망에 올려 완전히 식힌 후 개별 포장합니다. 단 호박이 들어가 수분이 많으므로 하루 이상 장기 보관 시에는 반드시 냉동 보관한 후 먹기 1시간 전에 꺼내 자연 해동하고, 남은 식빵은 재냉동하면 안 됩니다.

감자 베이컨 식빵

우리 식생활에서 가장 많이 즐겨 먹는 식재료를 꼽으라면 감자가 빠질 수
없습니다. 쪄 먹거나 볶아 먹어도 좋고, 삶은 감자를 빵 반죽에 넣으면 부드
러운 식감을 한층 더 올리고 독특한 풍미를 즐길 수 있습니다. 감자가 들어
간 반죽에 베이컨을 함께 넣으면 짭조름한 맛이 더해져 좀 더 특별한 식빵
을 맛볼 수 있습니다.

분량

원형 1호 320g 3개

굽기

컨벡션 오븐 160℃
약 20분

일반오븐 170~180℃
약 30분

01 감자의 껍질을 벗기고 익히기 좋게 나박썰기를 합니다. 감자에 물을 살짝 축여 전자레인지용 용기에 담고, 위생 비닐을 덮은 후 약 5분가량 찝니다.

02 찐 감자를 자루 주걱이나 거품기를 이용해 잘 으깨 식힙니다

03 베이컨을 전자레인지용 용기에 담아 1분 정도 익힌 후 종이 타월로 기름기를 제거합니다.

04 베이컨을 푸드프로세서에 넣어 대충 갈거나 칼로 잘게 다집니다.

05 믹싱볼에 분량의 재료를 계량해 서로 구분되어 닿지 않게 넣고, 물과 달걀, 버터를 함께 계량해 넣은 후 저속으로 한 덩어리가 될 정도로 믹싱합니다.

06 으깬 감자를 넣고 반죽이 매끈하게 될 정도로 중속으로 충분히 믹싱합니다.

미리 준비하기

- 베이컨을 전자레인지에 1분 정도 돌려 익힌 후 종이 타월로 기름기를 제거합니다.
- 버터를 상온에 말랑한 상태로 준비합니다.

재료

• 반죽

강력분	500g
물	200g
달걀	1개
버터	35g
소금	8g
설탕	50g
인스턴트 이스트	18g
탈지분유	15g
활성 글루텐	5g
찐 감자	1개
베이컨	3줄

• 토핑용

파르메산 치즈가루 약간	

07 베이컨을 넣고 재료가 충분히 섞이고 반죽이 매끈한 상태가 될 때까지 조금만 더 반죽합니다.

08 반죽을 믹싱볼에서 꺼내 둥글리기한 후 발효볼에 담고, 위생비닐을 덮어 온도는 약 35~37℃, 습도는 80% 정도를 유지해 1시간가량 1차 발효합니다.

09 반죽이 2배 이상 부풀어 오르면 작업대에 올리고 충분히 주물러 가스를 제거합니다.

10 반죽을 80g씩 분할한 후 손바닥에 올려 매끈해지도록 둥글리기를 합니다. 둥글리기가 다 되면 위생비닐을 덮어 약 10분가량 중간 발효합니다.

11 반죽을 다시 둥글리기해 가스를 적당히 제거하고, 밑부분이 터지지 않도록 꼼꼼하게 잘 꼬집어 여밉니다.

12 성형한 반죽을 틀에 네 덩어리씩 넣고 손등으로 꾹꾹 누릅니다.

온도는 35~37℃, 습도는 80% 정도에서 반죽이 틀보다 약 2~3cm가량 올라올 정도까지 2차 발효합니다. 시간과는 관계없이 반죽의 상태를 보고 꺼내도록 합니다.

발효가 2/3 이상 진행이 되면 오븐을 구울 온도로 예열합니다. 반죽에 분무기로 물을 살짝 뿌리고, 파르메산 치즈가루를 골고루 듬뿍 뿌립니다.

반죽을 예열된 오븐에 넣어 갈색이 충분히 나도록 굽습니다.

다 구워지면 틀을 바닥에 한 번 탁 치고, 식빵을 틀에서 바로 빼낸 후 식힘망에 올려 식힙니다. 다 식은 후에는 개별 포장하고, 장기 보관 시에는 냉동 보관합니다.

오트밀 레이즌 식빵

우리나라에서 귀리라고 불리는 오트밀은 껍질이 두꺼워 겉껍질을 벗기고 말려 볶은 후 분쇄한 그로츠, 증기 압력기로 압착한 롤드오츠가 있습니다. 제과제빵 재료로도 많이 사용하고, 건강에도 상당히 좋은 재료입니다. 건포도는 당도가 높아 빵을 만들 때 설탕 대신 사용할 수도 있고, 건포도의 단맛과 향긋한 풍미가 오트밀 식빵을 더욱 맛있게 만듭니다.

분량

원형 1호 320g 4개

굽기

컨벡션 오븐 160℃
약 20분

일반오븐 170~180℃
약 30분

01

호두를 180℃에 15분 이상 예열한 오븐에 넣어 10분 굽고, 뒤집어 다시 10분 구운 후 충분히 식힙니다.

02

건포도를 충분히 불린 후 분량의 물과 함께 믹서기에 곱게 갈아줍니다.

🍳 미리 준비하기

- 건포도를 럼주나 와인에 소독한 후 미지근한 물을 부어 약 30분가량 불립니다.
- 오트밀을 분쇄기에 곱게 갈아줍니다.
- 작은 그릇에 물을 넣어 준비합니다.
- 버터를 상온에 말랑한 상태로 준비합니다.

🥄 재료

• 반죽	
강력분	600g
물	200g
달걀	1개
버터	60g
소금	12g
설탕	20g
인스턴트 이스트	20g
탈지분유	24g
건포도	150g
분쇄 오트밀	100g
볶은 호두	100g
럼주나 와인 약간	

• 토핑용	
오트밀	100g

03

믹싱볼에 분량의 재료를 계량해 서로 구분되어 닿지 않게 넣고, 건포도즙과 달걀은 함께 계량해 넣습니다. 버터는 말랑한 상태로 준비합니다.

04

저속으로 섞다가 반죽이 한 덩어리가 되면 말랑한 상태의 버터를 넣고 중속으로 믹싱합니다.

05

충분히 믹싱한 반죽은 표면이 매끄럽고 윤기가 돕니다. 반죽 일부를 조금 떼어 잘 펴봤을 때 풍선껌 같은 막이 형성되면 반죽이 다 된 상태입니다.

06

준비한 호두를 체에 쳐서 가루를 제거하고, 믹싱볼에 넣어 저속으로 섞습니다. 호두가 반죽에 다 섞일 때까지 천천히 돌리고 멈추기를 반복하면서 섞습니다.

07

반죽을 믹싱볼에서 꺼내 둥글리기한 후 발효볼에 담고, 위생비닐을 덮어 온도는 약 35~37℃, 습도는 80% 정도를 유지해 약 2배 이상 부풀어 오를 때까지 1시간가량 1차 발효합니다.

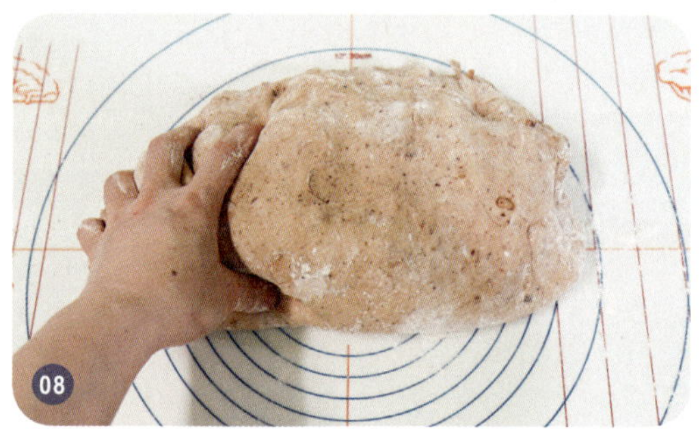

08

작업대에 덧가루를 약간 뿌리고 반죽을 올린 후 부드럽게 주물러 가스를 충분히 제거합니다.

09

반죽을 80g씩 분할한 후 둥글리기를 합니다.

10

반죽을 위생비닐로 덮어 약 10분가량 중간 발효합니다. 중간 발효가 되는 동안 작은 그릇에 오트밀과 약간의 물을 준비합니다.

11

가스를 제거하고 윗면을 매끈하게 만들기 위해 둥글리기한 후 뒷면을 꼼꼼히 여밉니다.

12

준비한 물에 반죽의 여밈 부분을 잡고 반 정도를 담가 물을 묻힙니다.

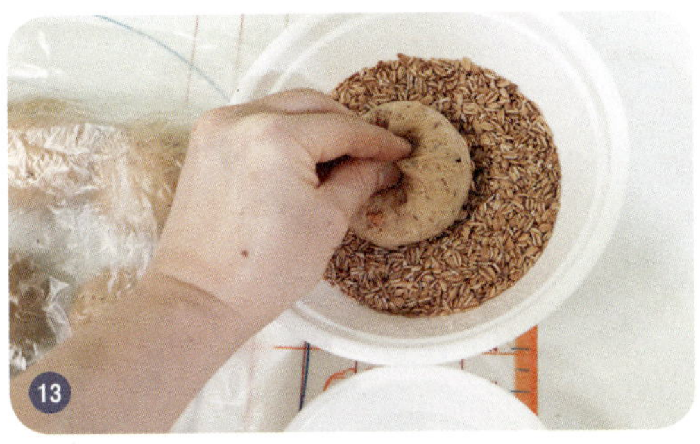

13

반죽에 오트밀이 충분히 붙을 수 있도록 준비한 오트밀에 푹 찍어 꾹 누릅니다.

14

반죽을 4개씩 원형틀에 넣고 손등으로 꾹꾹 누릅니다.

15

온도는 35~37℃, 습도는 80% 정도에서 반죽이 틀보다 약 2~3cm가량 올라올 정도까지 2차 발효합니다. 반드시 반죽의 상태를 확인하고 빼줍니다.

16

발효가 2/3 이상 진행이 되면 오븐을 예열합니다. 발효가 다 되면 예열된 오븐에 넣어 갈색이 충분히 날 때까지 굽습니다.

17

빵이 다 구워지면 바닥에 한 번 내리친 후 틀에서 꺼냅니다. 이때 빵이 뭉개지지 않도록 주의합니다.

18

식빵을 식힘망에 올려 충분히 식힙니다. 다 식은 후에는 개별 포장하고, 하루 이상 장기보관 시에는 수분이 날아가 뻣뻣해지지 않도록 냉동 보관합니다.

참깨 무화과 식빵

무화과는 쉽게 무르고 잘 상해 주로 건조 또는 반건조 당절임 상태로 판매
하지만, 우리나라에서 재배하고 있어 맛있는 무화과를 즐길 수 있습니다.
무화과는 단백질 분해 효소가 풍부해 고기랑 같이 먹으면 소화가 잘됩니다.
제과제빵 등 밀가루를 많이 사용하는 요리나 디저트에 넣으면 속을 편하게
하고 탈이 나는 것을 예방할 수 있습니다. 피부를 매끄럽고 윤기 있게 해주
는 참깨와 함께 씹히는 무화과 식감이 아주 맛있는 식빵입니다.

분량

큐브 식빵틀 280g 2개

굽기

컨벡션 오븐 160℃
약 15~20분

일반오븐 170~180℃
약 20~25분

01

볶은 참깨를 믹서기에 넣고 입자가 거의 없도록 곱게 갈아 믹싱볼에 넣습니다.

02

믹싱볼에 분량의 재료를 계량해 구분되어 닿지 않게 넣고, 물과 달걀은 함께 계량해 넣습니다. 버터는 말랑한 상태로 준비합니다.

미리 준비하기

- 참깨를 미리 볶거나 볶아져 있는 제품을 사용합니다.
- 원형 그대로의 반건조 무화과를 사용할 때는 가위로 잘게 잘라 준비합니다.
- 완전 건조 무화과를 사용할 때는 자르지 않은 상태로 미지근한 물에 넣어 30분가량 불린 후 물기를 제거하고, 적당한 크기로 잘라 준비합니다.
- 버터를 상온에 말랑한 상태로 준비합니다.

재료

강력분	500g
물	250g
달걀	1개
버터	50g
소금	10g
설탕	50g
인스턴트 이스트	18g
탈지분유	20g
볶은 참깨	50g
반건조 무화과 다이스	150g

03

저속으로 섞다가 반죽이 한 덩어리가 되면 말랑한 상태의 버터를 넣고 중속으로 믹싱합니다.

04

반죽이 어느 정도 매끈한 상태가 되고, 일부를 조금 떼어 잘 펴봤을 때 풍선껌 같은 막이 형성되면 반죽이 다 된 상태입니다.

05

반죽에 무화과 다이스를 넣은 후 잘 섞일 수 있도록 저속으로 천천히 돌리고 멈추기를 반복합니다.

06

반죽을 믹싱볼에서 꺼내 무화과가 골고루 속으로 들어갈 수 있게 둥글리기를 합니다.

반죽을 발효볼에 담고, 위생비닐을 덮어 온도는 약 35~
37℃, 습도는 약 80% 정도를 유지해 반죽이 2배 이상 부
풀어 오를 때까지 1시간가량 1차 발효합니다.

작업대에 약간의 덧가루를 뿌린 후 반죽을 올립니다.

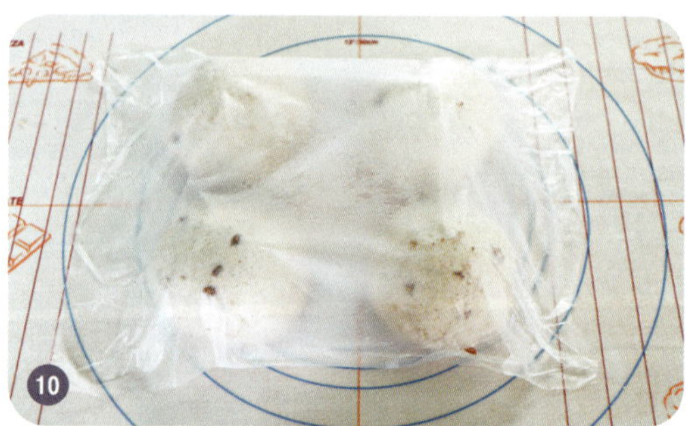

반죽을 적당히 주물러 가스를 제거한 후 280g씩 분할합니
다.

반죽 윗면이 매끈해지도록 반죽을 바닥에 밀착시킨 상태로
손으로 감싸 적당한 힘으로 둥글리기를 합니다. 다 되면 위
생비닐을 덮어 약 10분가량 중간 발효합니다.

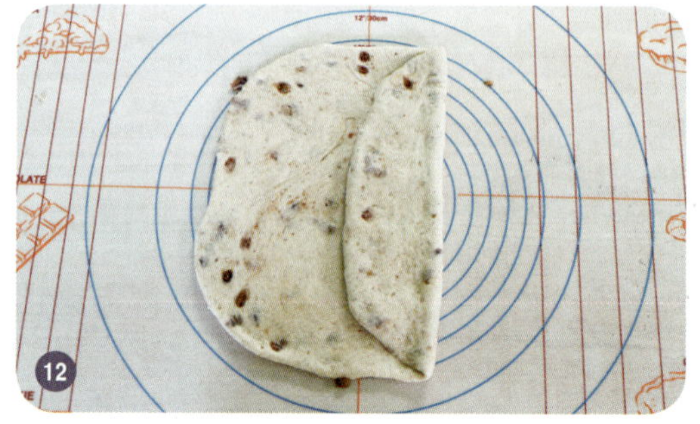

반죽을 다시 둥글리기해 가스를 살짝 제거하고, 거친 면이
위로 올라오도록 한 후 정사각형 모양이 되도록 밀대로 밀
어줍니다. 이때 너무 세게 밀어 반죽의 글루텐이 찢어지지
않도록 주의합니다.

가운데를 기준으로 양쪽이 반 이상 겹쳐지게 접습니다.

13

접은 반죽을 손바닥으로 눌러 공기를 빼고, 위에서부터 적당한 힘으로 돌돌 말아줍니다.

14

반죽의 이음매 부분이 터지지 않게 꼼꼼하게 잘 꼬집어 여밉니다.

15

성형한 반죽을 틀에 넣고 손등으로 꾹꾹 누릅니다.

16

온도는 35~37℃, 습도는 80% 정도에서 반죽이 틀보다 약 2~3cm가량 올라올 때까지 2차 발효합니다. 시간과는 관계없이 반죽의 상태를 보고 빼도록 합니다.

17

발효가 2/3 이상 진행이 되면 오븐을 온도에 맞게 예열하고, 발효가 다 되면 오븐에 넣어 갈색이 충분히 나도록 굽습니다.

18

식빵을 오븐에서 꺼낸 후 식힘망에 올려 완전히 식힙니다. 다 식은 후 개별 포장하고, 하루 이상 장기보관 시에는 수분이 날아가지 않도록 냉동 보관합니다.

오징어 먹물 크림치즈 식빵

요즘 오징어 먹물의 효능이 많이 알려지면서 여러 가지 다양한 요리에 사용하고, 블랙 푸드로 현대인의 입맛을 사로잡고 있습니다. 오징어 먹물을 제과제빵 재료로 사용하면 독특하고 짭짤한 맛과 함께 매력적인 디저트가 될 수 있습니다. 오징어 먹물로 만든 반죽에 달콤한 크림치즈 크림을 넣어 구운 식빵은 독특한 색감과 특색 있는 맛으로 눈과 입을 한층 더 즐겁게 합니다.

분량

큐브 식빵틀 240g 4개

굽기

컨벡션 오븐 160℃
약 15~20분

일반오븐 170~180℃
약 25~30분

01

믹싱볼에 분량의 재료를 계량해 서로 구분되어 닿지 않게 넣고, 물과 달걀은 함께 계량해 믹싱볼에 넣습니다. 버터는 말랑한 상태로 준비합니다.

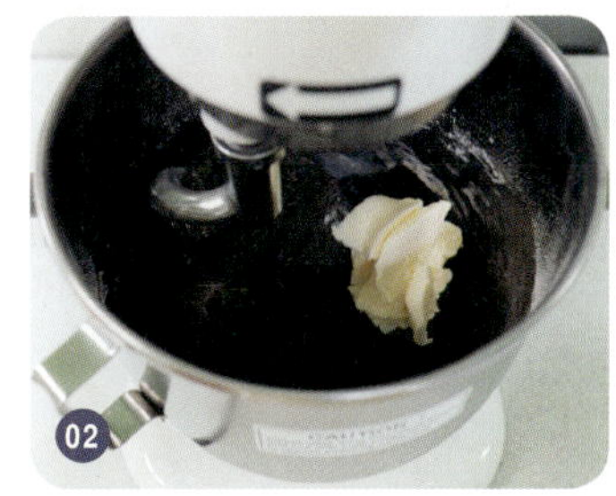

02

저속으로 섞다가 반죽이 한 덩어리가 되면 말랑한 상태의 버터를 넣고 중속으로 믹싱합니다.

03

반죽이 어느 정도 매끈한 상태가 되고, 일부를 조금 떼어 잘 펴봤을 때 풍선껌 같은 막이 형성되면 반죽이 다 된 상태입니다.

04

반죽을 믹싱볼에서 꺼내 둥글리기한 후 발효볼에 담고, 위생비닐을 덮어 온도는 약 35~37℃, 습도는 80% 정도를 유지해 1시간가량 1차 발효합니다. 1차 발효가 되는 동안 크림치즈 크림을 만들어 준비합니다.

05

반죽이 2배 이상 부풀어 오르면 1차 발효가 다 된 상태입니다. 작업대에 약간의 덧가루를 뿌리고 반죽을 올립니다.

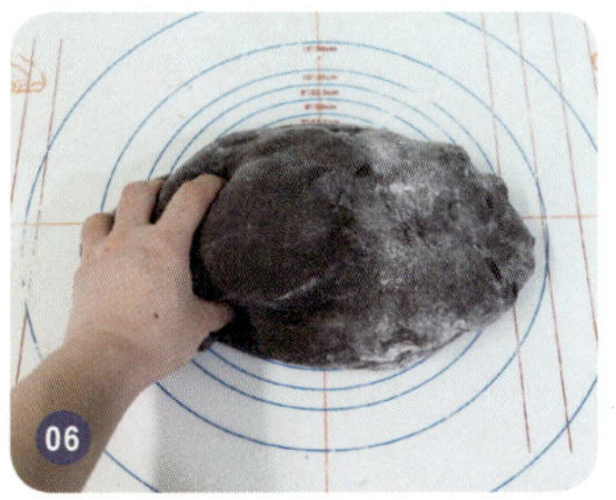

06

적당한 힘으로 반죽을 주물러 가스를 제거합니다.

미리 준비하기

- 크림치즈 크림을 미리 만들어 준비합니다 (p.34 부재료 만들기 참조).
- 버터를 상온에 말랑한 상태로 준비합니다.

재료

· 반죽

강력분	500g
물	240g
달걀	1개
버터	75g
소금	8g
설탕	50g
인스턴트 이스트	18g
탈지분유	20g
오징어 먹물	25g

· 크림치즈 크림

크림치즈	400g
커스터드믹스	80g
차가운 우유	200~250g
설탕	150g

스크래퍼로 반죽을 80g씩 분할합니다.

반죽을 손바닥 위에 올려 둥글리기해 윗면이 매끈한 상태로 만듭니다.

반죽을 위생비닐로 덮어 약 10분가량 중간 발효합니다.

반죽을 다시 둥글리기한 후 거친 면이 위로 올라오도록 합니다.

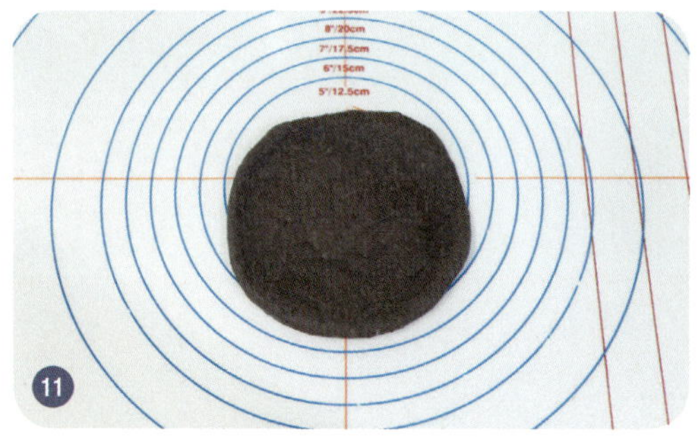

반죽을 밀대로 균일한 두께의 원형을 유지하면서 호떡 크기만 하게 밀어줍니다.

반죽을 손바닥 위에 올리고 손을 약간 오므려 옴폭하게 만든 후 크림치즈 크림을 적당히 넣고 잘 여밉니다. 이때 크림이 반죽에 묻으면 잘 여며지지 않아 터질 우려가 있습니다.

반죽을 적당히 잡아당겨 동그란 모양으로 보자기 싸듯이
잘 싸고, 터지지 않도록 꼼꼼히 여밉니다.

세 덩어리씩 틀에 넣어 성형이 다 되면 1차 발효 때와 동일
한 조건으로 반죽이 틀보다 약 2~3cm 올라올 때까지 2차
발효합니다.

발효가 2/3 정도 진행이 되면 오븐을 예열합니다. 발효가
다 되면 예열된 오븐에 반죽을 넣고 갈색이 충분히 나도록
굽습니다.

틀을 바닥에 한 번 탁 내리친 후 식빵을 틀에서 바로 빼줍
니다.

식빵을 식힘망에 올려 식힙니다. 다 식은 후에는 개별 포장
하고, 장기 보관 시에는 냉동 보관합니다.

녹차 완두 식빵

푸름이 가득한 녹차밭의 아름다운 풍경은 장관입니다. 예전에 보성 녹차 밭에 갔다가 그냥 그 자리에서 꼼짝도 못하고, 감탄을 하면서 바라보던 기억이 납니다. 보는 순간 눈과 마음이 정화되고 코끝에서 느껴지는 진한 녹차 향을 지금도 잊을 수가 없습니다. 녹차를 음식 또는 디저트에 활용하면 독특한 향과 함께 녹차의 약간 떫지만 매력적인 맛이 일품입니다.

분량

큐브 식빵틀 240g 3개

굽기

컨벡션 오븐 160℃
약 15~20분

일반오븐 170~180℃
약 25~30분

01 믹싱볼에 분량의 재료를 계량해 서로 구분되어 닿지 않게 넣고, 두유를 계량해 믹싱볼에 넣습니다. 버터는 말랑한 상태로 준비합니다.

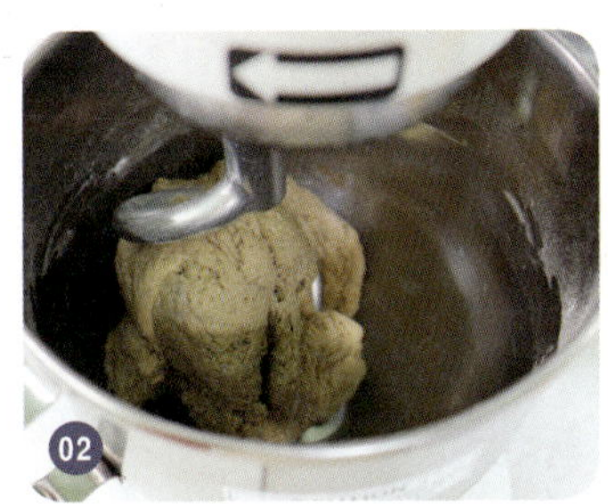

02 저속으로 섞다가 반죽이 한 덩어리가 되면 말랑한 상태의 버터를 넣고 중속으로 믹싱합니다.

03 반죽이 어느 정도 매끈한 상태가 되고, 일부를 조금 떼어 잘 펴봤을 때 풍선껌 같은 막이 형성되면 반죽이 다 된 상태입니다.

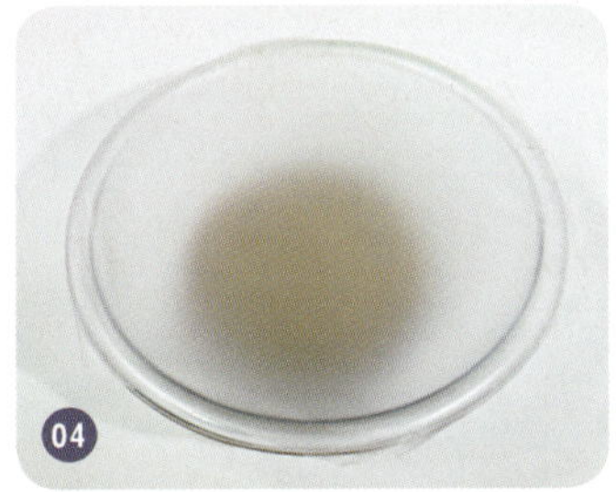

04 반죽을 믹싱볼에서 꺼내 둥글리기한 후 발효볼에 담고, 위생비닐을 덮어 온도는 약 35~37℃, 습도는 80% 정도를 유지해 1시간가량 1차 발효합니다.

05 반죽이 약 2배 이상 부풀어 오르면 1차 발효가 다 된 상태입니다. 작업대에 약간의 덧가루를 뿌리고 반죽을 올립니다.

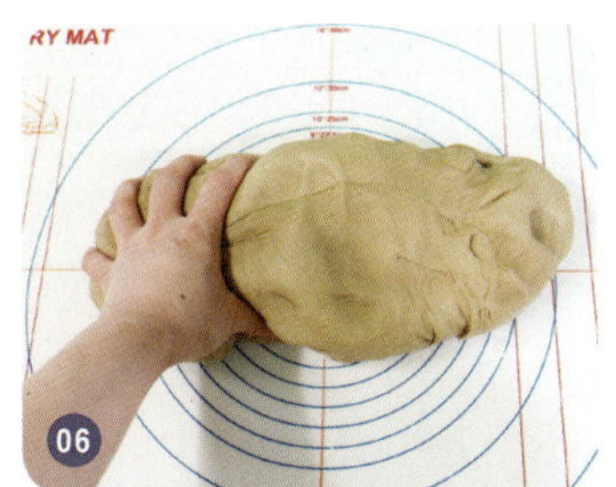

06 반죽을 적당한 힘으로 주물러 가스를 제거합니다.

미리 준비하기

- 두유를 냉장고에서 미리 꺼내 약간 미지근한 상태로 준비합니다.
- 버터를 상온에 말랑한 상태로 준비합니다.

재료

• 반죽

강력분	400g
두유	240~260g
버터	40g
인스턴트 이스트	15g
설탕	60g
소금	8g
탈지분유	16g
녹차가루	8g

• 충전용

완두배기	300~350g

07

스크래퍼로 반죽을 80g씩 분할합니다.

08

반죽을 손바닥 위에 올리고 윗면이 매끈해지도록 둥글리기를 합니다. 이때 가스도 어느 정도 제거됩니다.

09

반죽을 위생비닐로 덮어 약 10분가량 중간 발효합니다.

10

반죽에 넣을 완두배기를 준비합니다.

11

반죽을 다시 둥글리기한 후 거친 면이 위로 온 상태에서 호떡 크기만 하게 밀대로 밀어줍니다. 이때 균일한 두께의 원형을 유지하면서 밀어줍니다.

12

반죽을 손바닥 위에 올리고 손을 약간 오므려 옴폭하게 만든 후 완두배기를 적당히 넣습니다.

반죽을 적당히 잡아당겨 동그란 모양으로 보자기 싸듯이 잘 싸주고, 반죽이 발효되면서 터질 우려가 있으니 꼼꼼히 여밉니다.

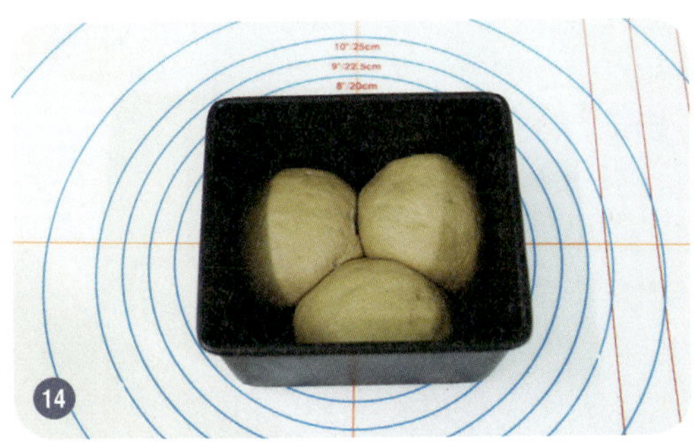

반죽을 틀에 세 덩어리씩 모양을 잡아 잘 넣은 후 손등으로 꾹꾹 누릅니다.

반죽 사이사이에 완두콩이 떨어지지 않도록 꼭꼭 눌러 군데군데 박아줍니다.

1차 발효 때와 동일한 조건으로 반죽이 틀보다 약 2~3cm 올라올 때까지 2차 발효합니다. 발효가 2/3 정도 진행이 되면 오븐을 예열합니다.

반죽을 오븐에 넣어 갈색이 충분히 나도록 굽습니다. 다 구웠으면 틀을 바닥에 한 번 탁 내리친 후 식빵을 틀에서 바로 빼줍니다.

식빵을 식힘망에 올려 식힌 후 개별 포장합니다. 수분이 많은 식빵이므로 바로 먹지 않거나 여름철, 장기 보관 시에는 냉동 보관합니다.

메밀 팥배기 식빵

가장 덥다는 8월, 여름철 대표 음식으로 가장 많이 즐겨 찾는 음식 중 하나
인 메밀은 차가운 기운을 가지고 있어 우리 몸의 열을 내리고, 비타민과 필
수아미노산이 풍부합니다. 밀가루 소화가 잘 안 되는 분들은 메밀을 재료로
활용하면 소화를 도와 속을 편하게 하고, 구수한 맛과 함께 색다른 건강식
으로 드실 수 있습니다. 메밀의 영양과 달달한 팥배기의 맛을 듬뿍 담은 식
빵. 더위에 지친 가족을 위한 아주 특별한 영양식빵입니다.

분량

원형 1호 320g 3개

굽기

컨벡션 오븐 160℃
약 15~20분

일반오븐 170~180℃
약 25~30분

01

믹싱볼에 분량의 재료를 계량해 서로 구분되어 닿지 않게 넣고, 물과 달걀은 함께 계량해 넣습니다. 버터는 말랑한 상태로 준비합니다.

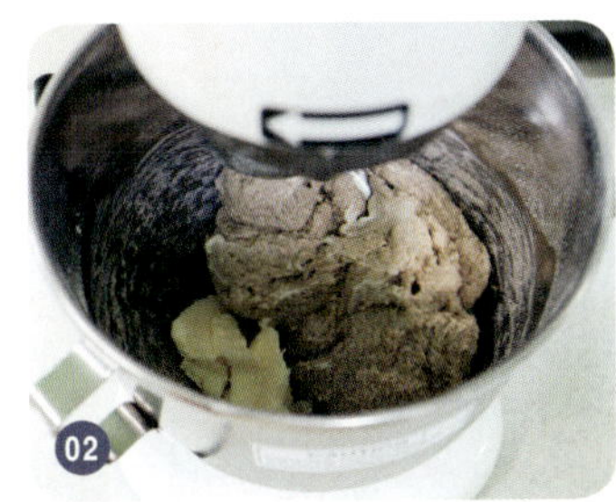

02

저속으로 섞다가 반죽이 한 덩어리가 되면 말랑한 상태의 버터를 넣고 중속으로 믹싱합니다.

03

반죽이 어느 정도 매끈한 상태가 되고, 일부를 조금 떼어 잘 펴봤을 때 풍선껌 같은 막이 형성되면 반죽이 다 된 상태입니다.

04

반죽을 믹싱볼에서 꺼내 둥글리기한 후 발효볼에 담고, 위생비닐을 덮어 온도는 약 35~37℃, 습도는 80% 정도를 유지해 1시간가량 1차 발효합니다.

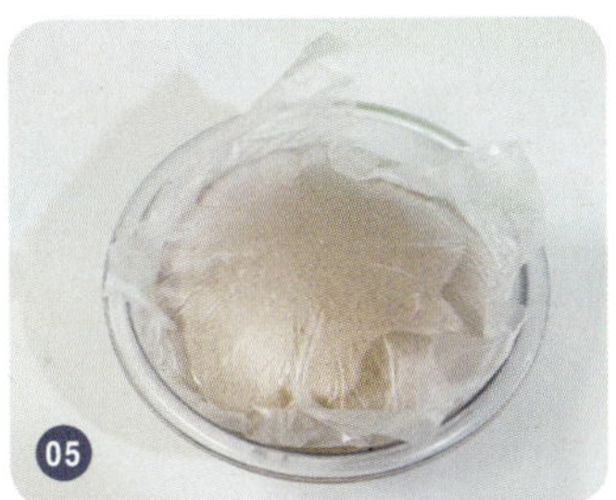

05

반죽이 2배 이상 부풀어 오르면 1차 발효가 다 된 상태입니다. 작업대에 약간의 덧가루를 뿌리고 반죽을 올립니다.

06

적당한 힘으로 반죽을 주물러 가스를 제거합니다. 이때 너무 세게 주무르면 글루텐이 끊어지니 주의합니다.

미리 준비하기

• 버터를 상온에 말랑한 상태로 준비합니다.

재료

• 반죽

강력분	300g
물	250g
달걀	1개
버터	75g
소금	8g
설탕	50g
인스턴트 이스트	18g
탈지분유	20g
활성 글루텐	5g
메밀부침가루	200g

• 충전용

팥배기	250~300g

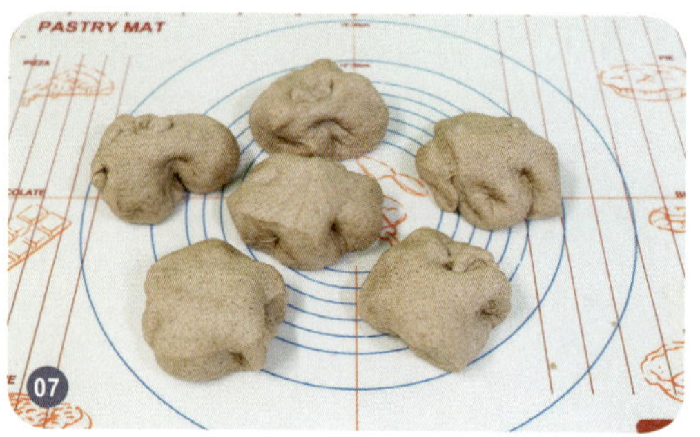

가스가 적당히 제거된 반죽을 160g씩 분할합니다.

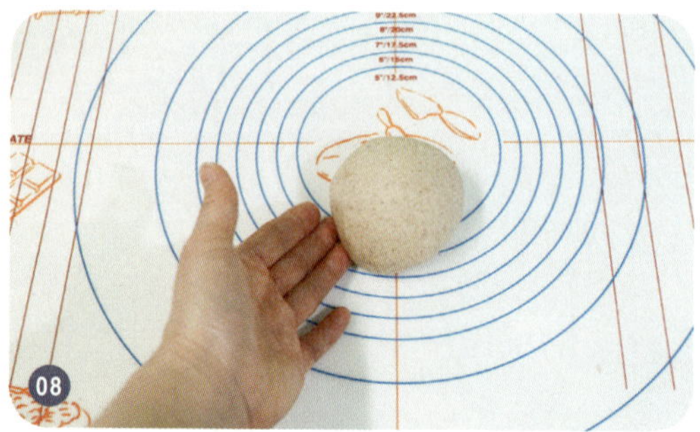

분할 양이 크므로 반죽을 작업대에 놓고 양손으로 감싸준 후 윗면이 매끈해지도록 오른쪽과 왼쪽을 번갈아 밀면서 회전하듯이 천천히 둥글리기를 합니다.

반죽을 위생비닐로 덮어 약 10분가량 중간 발효합니다.

반죽을 다시 둥글리기한 후 거친 면이 위로 온 상태로 정사각형 모양이 되게 밀대로 밀어줍니다. 하단은 말리지 않도록 작업대에 반죽을 손끝으로 눌러 붙입니다.

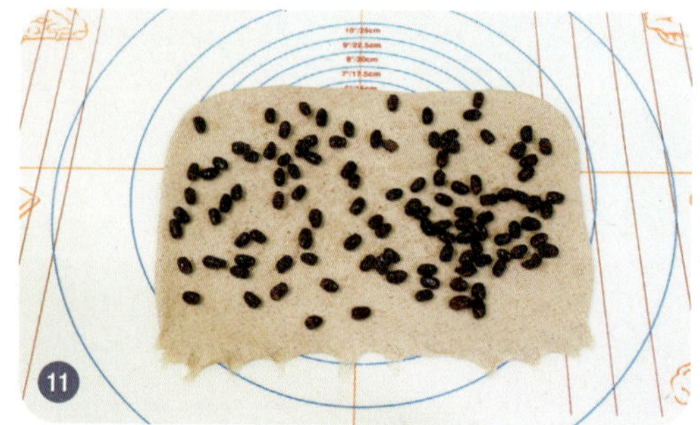

팥배기를 적당량 골고루 올린 후 팥배기가 밖으로 나가지 않도록 주의하면서 반죽을 위에서부터 돌돌 말아줍니다. 이때 공기가 들어가지 않도록 반죽을 살짝 들어 촘촘하게 말아줍니다.

반죽 2개를 엑스(X)자 형태로 놓고, 양 끝을 잡은 후 꽈배기 모양으로 촘촘하게 꼬아줍니다.

반죽을 꼭꼭 꼬집어 여밉니다.

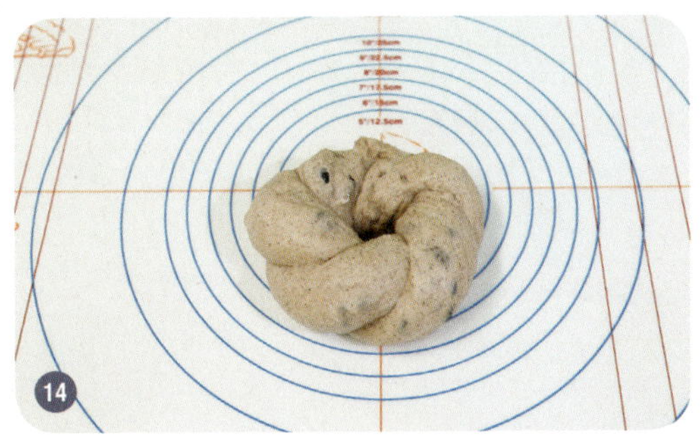

양 끝을 잘 붙여 여며 꽃 모양으로 성형한 후 준비한 틀에 넣고 손등으로 꾹꾹 누릅니다.

온도는 35~37℃, 습도는 80% 정도를 유지해 반죽이 틀 위로 2~3cm 정도 올라올 때까지 2차 발효합니다.

발효가 2/3 이상 진행이 되면 오븐을 온도에 맞게 예열하고, 발효가 다 되면 오븐에 넣어 갈색이 충분히 나도록 굽습니다.

다 구웠으면 틀을 바닥에 한 번 탁 내리친 후 식빵을 틀에서 바로 빼줍니다.

식빵을 식힘망에 올려 완전히 식힙니다. 다 식은 후 개별 포장하고, 하루 이상 장기 보관 시에는 수분이 날아가지 않도록 냉동 보관합니다.

마늘 식빵

보편적으로 음식에 가장 많이 사용하는 향신료로 매운맛이 특징인 마늘에는 '알린'이라는 물질이 있는데, 마늘 안에서는 무향이지만 마늘을 자르거나 다지면 '알리신'이라는 물질로 바뀌어 매운맛과 독한 향을 냅니다. 마늘을 익혀 매운맛과 향을 줄여 만드는 마늘 식빵. 버터를 발라 토스트로 먹거나 그대로 구워 각종 채소와 햄을 넣어 샌드위치로 먹으면 마늘 바게트와는 또 다른 맛의 독특한 매력이 있습니다.

분량

큐브 식빵틀 280g 4개

굽기

컨벡션 오븐 160℃
약 15~20분

일반오븐 170~180℃
약 25~30분

01

마늘을 깨끗이 씻어 물기를 제거한 후 얇게 썰어 달군 프라이팬에 식용유와 설탕을 넣고 갈색이 살짝 날 때까지 볶습니다.

02

볶은 마늘을 푸드프로세서에 넣고 갈 아주거나 칼로 곱게 다진 후 식힙니 다.

🍳 **미리 준비하기**

• 버터를 상온에 말랑한 상태로 준비합니다.

🥄 **재료**

• 반죽	
강력분	600g
물	280g
달걀	1개
버터	60g
소금	6g
설탕	80g
인스턴트 이스트	20g
탈지분유	24g
파르메산 치즈가루	12g

• 마늘 조림	
마늘	4~5알
설탕	1큰술
식용유	1큰술

03

믹싱볼에 분량의 재료와 마늘을 계량 해 서로 구분되어 닿지 않게 넣고, 물 과 달걀은 함께 계량해 넣습니다. 버 터는 말랑한 상태로 준비합니다.

04

저속으로 섞다가 반죽이 한 덩어리가 되면 말랑한 상태의 버터를 넣고 중속 으로 믹싱합니다.

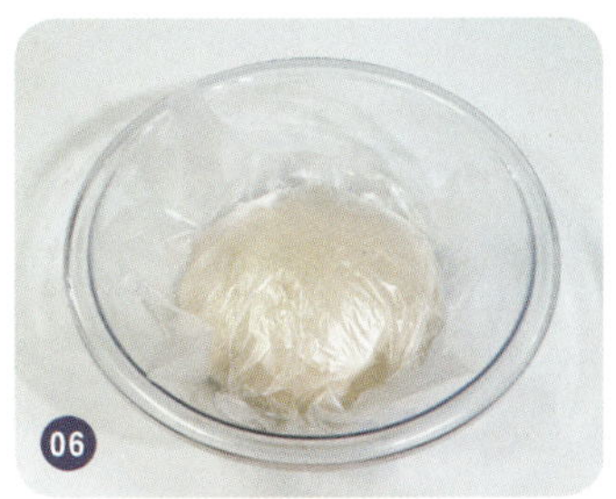

05

반죽이 어느 정도 매끈한 상태가 되 고, 일부를 조금 떼어 잘 펴봤을 때 풍 선껌 같은 막이 형성되면 반죽이 다 된 상태입니다.

06

반죽을 믹싱볼에서 꺼내 매끈하게 둥 글리기한 후 발효볼에 담고, 위생비닐 을 덮어 온도는 약 35~37℃, 습도는 80% 정도를 유지해 1시간가량 1차 발 효합니다.

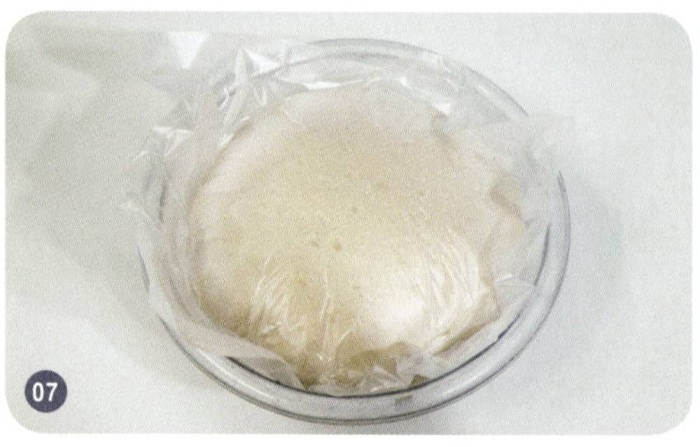

반죽이 2배 이상 부풀어 오르면 1차 발효가 다 된 상태입니다. 작업대 위에 약간의 덧가루를 뿌리고 반죽을 올립니다.

반죽을 충분히 주물러 가스를 제거합니다. 이때 너무 세게 주무르면 글루텐이 끊어지니 주의합니다.

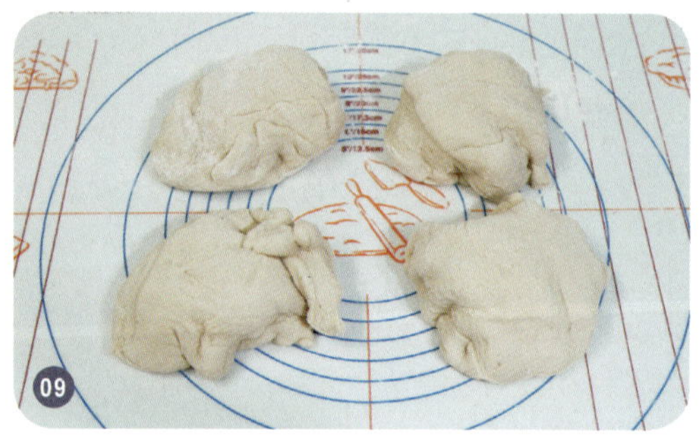

반죽을 280g씩 분할합니다. 반죽을 두 손으로 감싸 바닥에 밀착되게 한 후 오른쪽 왼쪽을 번갈아 밀듯이 돌리면서 윗면이 매끈해지도록 둥글리기를 합니다.

반죽을 위생비닐로 덮어 약 10분가량 중간 발효합니다.

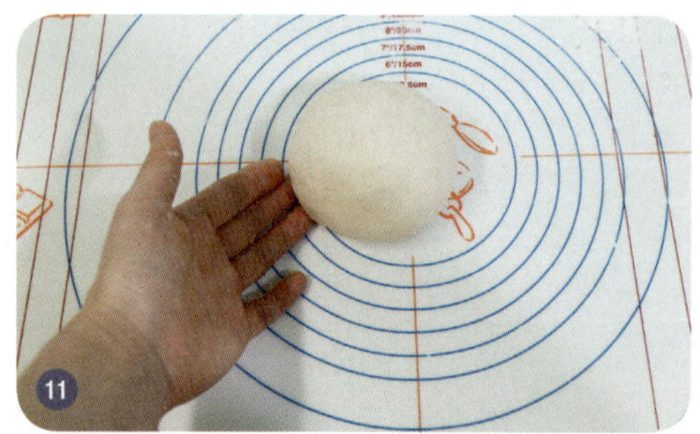

반죽을 다시 둥글리기해 가스를 제거한 후 거친 면이 위로 올라오도록 합니다.

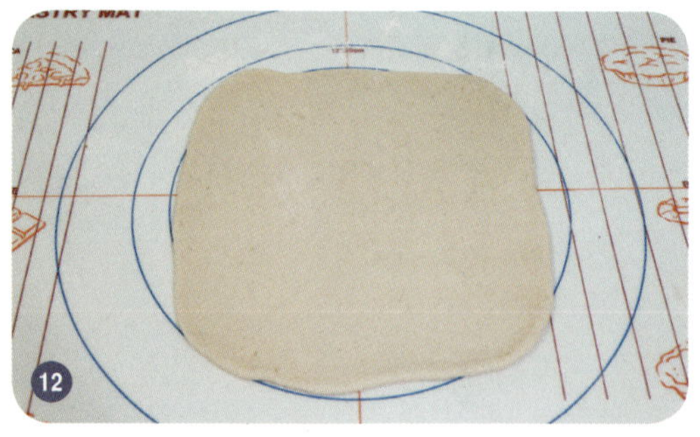

반죽을 정사각형 모양으로 밀대로 밀어줍니다. 밀대 질을 할 때는 너무 힘을 세게 주지 않도록 하고, 반죽이 찢어지거나 손상되지 않도록 적당히 덧가루를 사용합니다.

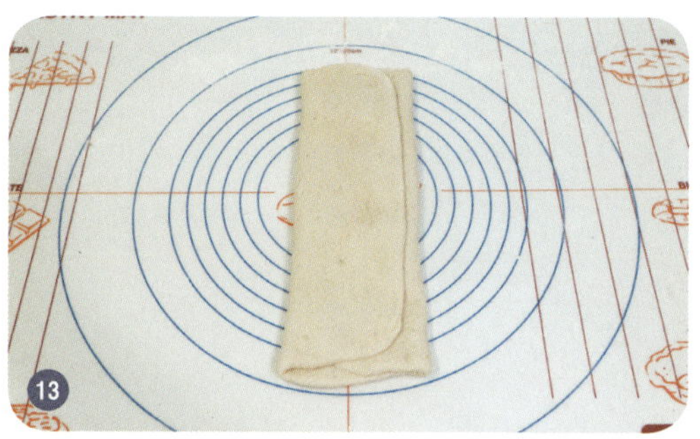

반죽을 가운데를 기준으로 양쪽이 겹쳐지게 접습니다.

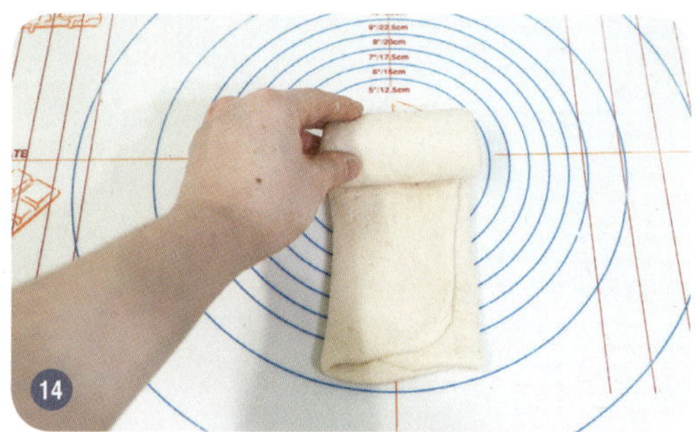

위에서부터 동일한 힘으로 돌돌 잘 말아줍니다. 이때 너무 세게 말지 않도록 주의합니다.

말은 반죽을 손에 들어 풀어지지 않도록 고정하고, 이음매 부분이 터지지 않도록 꼼꼼하게 여밉니다.

반죽을 틀에 넣고 손등으로 꾹꾹 누른 후 온도는 35~ 37℃, 습도는 80% 정도에서 반죽이 틀보다 약 2cm가량 올라올 정도까지 2차 발효합니다.

발효가 2/3 정도 진행이 되면 오븐을 온도에 맞게 예열하고, 발효가 다 되면 반죽을 넣고 갈색이 충분히 날 때까지 굽습니다.

다 구워지면 틀을 바닥에 한 번 탁 치고, 식빵을 틀에서 바로 뺀 후 식힘망에 올려 식힙니다. 다 식은 후에는 개별 포장하고, 장기 보관 시에는 냉동 보관합니다.

브레드

건과일 호두 브레드

과일은 여러 가지 보관법이 있지만, 특히 건조를 시켜 보관했다가 겨울철에 먹으면 부족한 비타민을 보충해주고, 견과류와 함께 간식으로도 가볍게 즐길 수 있어 일석이조의 효과가 있습니다. 건조과일은 당도가 높고 생과일보다 영양소가 더욱 풍부하게 들어 있어 아이들 간식을 만들거나 홈베이킹 재료로 활용하기에도 그만입니다. 모양은 시골스럽고 투박하지만 보들보들 부드럽고 과일 향이 풍부한 건과일 호두 브레드 레시피입니다.

🍞 **분량**

300g 4개

🔲 **굽기**

컨벡션 오븐 200℃ 약 10분,
140℃ 약 10분

일반오븐 220℃ 약 10분,
160℃ 약 15~20분

01

건조과일에 럼주나 알코올 도수가 높은 술을 조금 넣어 버무린 후 미지근한 물을 적당히 넣어 약 20분가량 불려 준비합니다.

02

믹싱볼에 각각의 재료를 계량해 서로 구분되어 닿지 않게 넣고, 물과 달걀은 함께 계량해 넣은 후 한 덩어리가 될 정도까지만 저속으로 섞습니다.

03

말랑한 상태의 버터를 넣고 반죽 표면이 매끈하게 될 때까지 중속으로 충분히 믹싱합니다.

04

준비한 건조과일의 물기를 채반과 종이 타월을 이용해 최대한 제거한 후 밀가루를 한 줌 정도 뿌려 흔듭니다. 과일 표면에 밀가루를 적당히 코팅하면 흩어지지 않고 반죽에 잘 달라붙어 골고루 잘 섞입니다.

05

건조과일과 호두를 함께 넣고 반죽에 들러붙을 수 있게 저속으로 섞은 후 중속으로 살짝 섞어 한 덩어리가 되도록 합니다.

06

반죽을 믹싱볼에서 꺼내 건조과일이 안으로 잘 들어가도록 둥글리기한 후 발효볼에 넣고, 위생비닐을 덮어 온도는 약 35~37℃, 습도는 80% 정도를 유지해 1시간가량 1차 발효합니다.

🍳 미리 준비하기

- 호두를 미리 볶거나 오븐에 구운 후 식혀 준비합니다.
- 건조과일에 약간의 럼주를 넣고 버무린 후 미지근한 물에 약 20분간 불려 전처리합니다.
- 버터를 상온에 말랑한 상태로 준비합니다.

🥄 재료

• 반죽

강력분	500g
물	230g
달걀	1개
버터	50g
소금	10g
설탕	25g
인스턴트 이스트	18g
탈지분유	20g
건조 블루베리	100g
건조 크랜베리	100g
건포도	50g
건조 무화과	50g
럼주 약간	
볶은 호두 분태	50g

• 토핑용

옥수수 분말 적당히

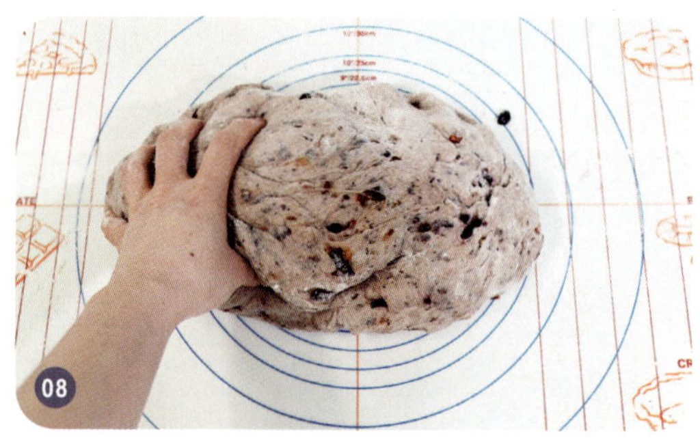

1차 발효가 다 되면 반죽은 2배 이상 부풀어 오르고, 반죽을 들었을 때 안쪽에 거미줄 같은 막이 형성됩니다.

작업대에 들러붙지 않도록 덧가루를 살짝 뿌리고 반죽을 올린 후 적당한 힘으로 주물러 가스를 제거합니다.

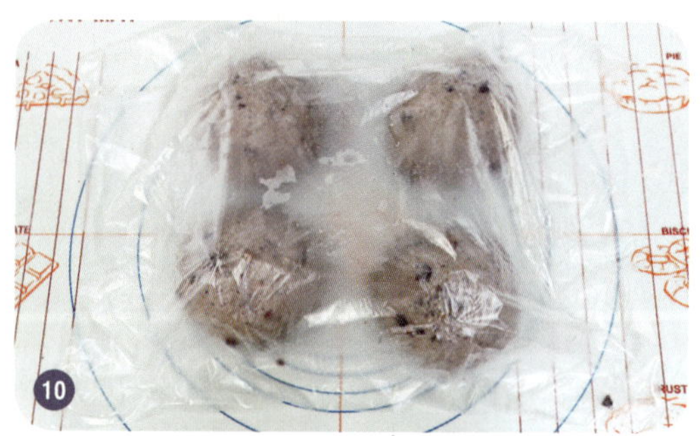

반죽을 300g씩 분할합니다. 이때 건조과일이 뭉개지지 않도록 반죽을 너무 조각조각 내지 않도록 합니다.

양손으로 반죽을 감싼 후 포물선을 그리듯 오른쪽 왼쪽으로 둥글게 번갈아 돌리고, 건조과일이 튀어나오지 않도록 안으로 잘 밀어 넣으면서 윗면이 매끈해지도록 둥글리기를 합니다. 둥글리기가 다 되면 위생비닐을 덮어 약 10분가량 중간 발효합니다.

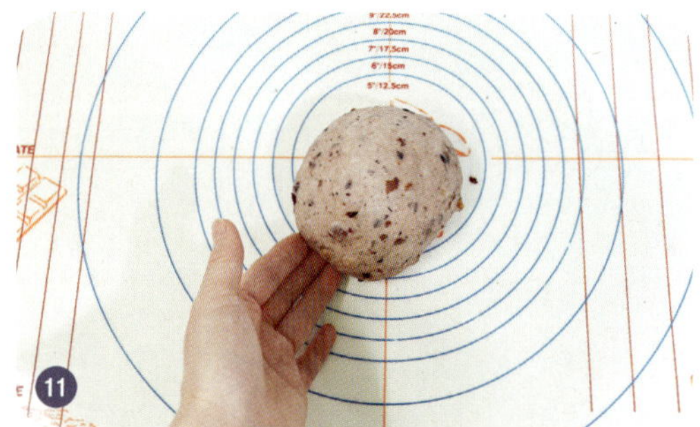

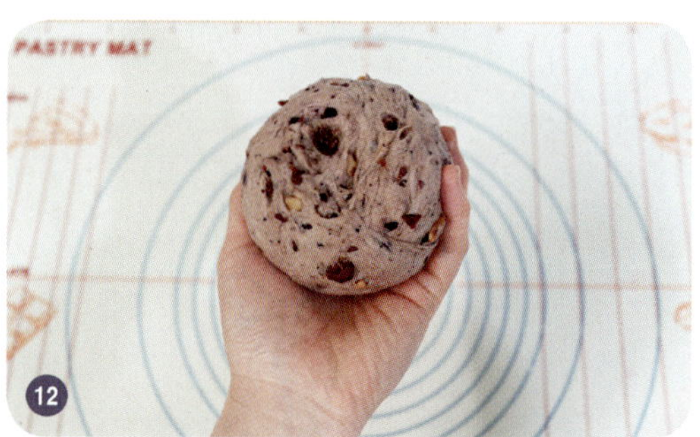

반죽을 다시 둥글리기해 가스를 제거하고 표면을 매끈한 상태로 만듭니다.

반죽이 거칠게 된 아랫면을 잘 오므려서 꼬집어 여밉니다. 이때 건조과일 때문에 잘 여며지지 않을 수 있으니 반죽을 든 손을 최대한 오므리고 과일을 안으로 밀어 넣으면서 여밉니다.

팬에 간격을 넓게 두고 반죽을 올린 후 온도는 약 37~ 38℃, 습도는 80% 정도를 유지해 2차 발효합니다. 반죽 사이의 간격을 잘 기억해두었다가 반죽 크기를 체크하도록 합니다.

발효가 다 되면 반죽이 약 2배 이상 부풀어 오릅니다. 발효가 약 2/3 이상 진행되면 오븐을 200℃ 정도로 충분히 예열하고, 발효가 다 되면 윗면에 분무기로 물을 충분히 뿌립니다. 껍질의 색을 진하게 내는 제품이므로 오븐 온도가 매우 중요합니다.

옥수수 분말을 분당체에 적당히 올려 반죽 윗면이 하얗게 될 정도까지만 솔솔 뿌립니다.

손에 힘을 완전히 뺀 후 반죽 가운데에 앞뒤로 톱질하듯이 십자(+) 모양으로 칼집을 넣습니다. 이때 칼은 빵칼이나 바게트칼을 사용하고, 반죽이 다소 끈적거려 칼날에 들러붙을 수 있으니 약간의 기름칠을 하는 것도 좋습니다.

껍질에 아주 진한 갈색을 내야 하므로 먼저 높은 온도인 200℃에서 일반적인 갈색이 날 때까지 10분가량 구워준 후 온도를 140℃ 정도까지 내려서 속을 골고루 익힙니다.

제품이 잘 구워지면 식힘망에 옮겨 충분히 식힙니다. 다 식은 후에는 개별 포장하고, 장기 보관 시에는 냉동 보관합니다. 하루 정도 숙성되면 빵이 좀 더 촉촉해져 더욱 맛이 좋습니다.

오트밀 크랜베리 호두 브레드

상큼한 맛과 함께 달콤함이 가득한 독특한 풍미의 크랜베리는 요리에서부터 제과제빵 재료로까지 폭넓게 사용하는 우리 몸에 정말 좋은 식재료입니다. 베이킹 재료로는 건조된 크랜베리를 주로 사용하는데 와인에 살짝 불려 케이크나 빵에 넣어 만들면 크랜베리의 풍미와 함께 맛과 영양을 더욱 잘 즐길 수 있습니다.

분량
150g 8개

굽기

컨벡션 오븐 170℃
약 15분

일반오븐 180~190℃
약 20분

건조 크랜베리에 럼주나 와인을 약간 넣어 버무린 후 미지근한 물을 잠길 정도로 넣어 약 20분가량 불립니다. 체에 올려 물기를 빼고, 종이 타월로 남은 물기를 최대한 제거합니다.

믹싱볼에 분량의 재료를 계량해 서로 구분되도록 닿지 않게 넣고, 물과 달걀을 함께 계량해 넣습니다.

믹싱기를 저속으로 돌려 반죽이 대충 한 덩어리가 되면 말랑한 상태의 버터를 넣고 매끈한 상태가 될 때까지 중속으로 믹싱합니다.

준비한 크랜베리와 볶은 호두 분태를 넣고 저속으로 섞습니다. 이때 크랜베리에 물기가 많으면 잘 섞이지 않으므로 물기를 최대한 제거하고, 물기가 약간 있다면 덧가루를 살짝 넣어 반죽에 잘 섞이도록 합니다.

윗면이 매끈해지도록 둥글리기한 후 발효볼에 덧가루를 살짝 뿌리고 반죽을 넣습니다. 위생비닐을 덮어 온도는 약 37~38℃, 습도는 80% 정도를 유지해 약 1시간가량 1차 발효합니다.

반죽이 2배 이상 커져 1차 발효가 다 되면 발효볼에서 꺼내 작업대에 올립니다.

🍞 미리 준비하기

- 건조 크랜베리에 와인이나 럼주를 살짝 넣어 버무리고 미지근한 물을 넣고 20분가량 불린 후 물기를 빼서 준비합니다.
- 호두 분태를 미리 오븐이나 프라이팬에 볶아서 식힌 다음 사용합니다.
- 버터를 상온에 말랑한 상태로 준비합니다.

🥄 재료

• 반죽

강력분	500g
물	250g
달걀	1개
버터	75g
소금	10g
설탕	75g
인스턴트 이스트	15g
탈지분유	15g
건조 크랜베리	150g
럼주나 와인 약간	
볶은 호두 분태	100g

• 토핑용

오트밀 적당히	

07

반죽이 상하지 않도록 적당한 힘을 가해 눌러 가스를 제거합니다.

08

반죽을 150g씩 분할합니다. 이때 반죽을 너무 조각조각 내서 분할하지 않도록 주의합니다.

09

크랜베리나 호두가 빠지지 않도록 안으로 밀어 넣으면서 윗면이 매끈하게 되도록 둥글리기를 합니다.

10

반죽이 쉴 수 있도록 위생비닐을 덮어 약 10분가량 중간 발효합니다.

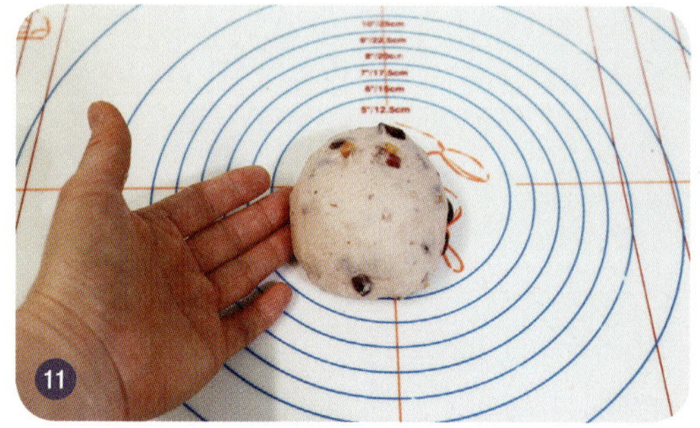

11

다시 둥글리기해 가스를 제거한 후 거친 면이 위로 올라오도록 반죽을 뒤집습니다. 이때 반죽이 바닥에 들러붙어 상하지 않도록 덧가루를 적당히 사용합니다.

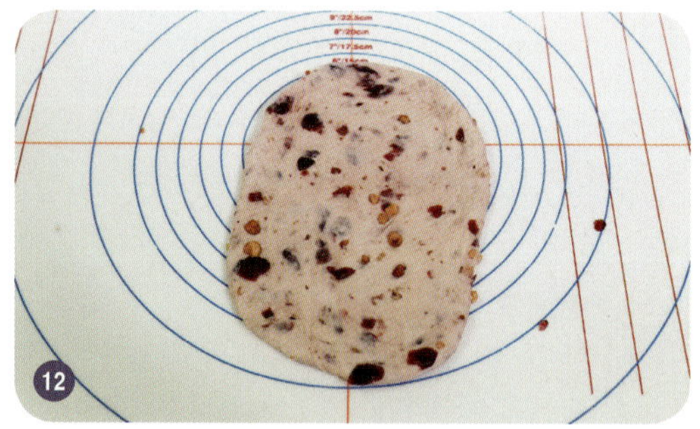

12

밀대로 반죽을 타원형으로 밀어줍니다. 이때 폭이 너무 넓지 않도록 주의하고, 남은 가스는 손으로 두들겨 제거합니다.

반죽 가운데가 통통해지도록 윗면에서부터 양손으로 모으
면서 말아줍니다. 이때 공기가 들어가지 않도록 적당한 힘
으로 말고, 이음매가 터지지 않도록 꼼꼼하게 여밉니다.

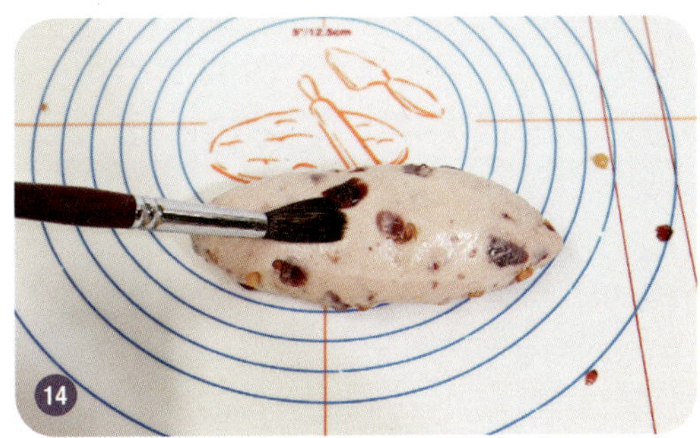

매끈한 윗면에 붓으로 적당히 물을 칠합니다.

준비한 그릇에 오트밀을 담은 후 물칠한 반죽 표면에 오트
밀이 가득 붙도록 꾹 누릅니다.

반죽이 부풀었을 때 서로 붙지 않도록 넉넉한 공간을 만들
어 팬에 올리고, 온도는 약 37~38℃, 습도는 80% 정도를
유지해 반죽이 약 2배 정도 될 때까지 2차 발효합니다.

발효가 2/3 이상 진행되면 오븐을 170℃로 예열하고, 팬을
들어 살살 흔들었을 때 반죽이 물풍선과 같이 살랑살랑 흔
들리면 발효가 다 된 상태입니다. 반죽을 예열된 오븐에 넣
어 굽습니다.

갈색이 충분히 나도록 구워지면 오븐에서 꺼낸 후 식힘망
에 옮겨 식힙니다. 장기 보관 시에는 바로 냉동실에 넣으면
수분이 날아가지 않아 좀 더 신선하게 보관할 수 있습니
다.

단호박 브레드 타르트

타르트는 반죽형 파이 반죽을 틀 바닥에 깔고 그 안에 크림이나 과일 등을 채워 넣어 구운 형태의 제품입니다. 타르트를 맛있게 먹고 난 후 접시를 보면 딱딱한 타르트 반죽이 지저분하게 남아 있는 경우가 많습니다. 이때 문득 떠오른 타르트 플랑베. 일반 타르트와 달리 틀 바닥에 빵 반죽을 사용하고, 각종 채소나 과일을 얹어 그 모양이 피자와 유사합니다. 단호박 크림과 쫄깃한 빵 맛이 어우러지는 타르트 플랑베를 응용한 독특한 레시피입니다.

📑 **분량**

은박 파이틀 180g 4개

📱 **굽기**

컨벡션 오븐 150℃
약 20분

일반오븐 170℃
약 25분

믹싱볼에 각각의 재료가 구분되도록 계량해 넣고, 물과 달걀을 함께 계량해 넣은 후 저속으로 한 덩어리가 될 정도로 섞습니다.

말랑한 상태의 버터를 넣고 반죽이 매끈한 상태가 될 때까지 중속으로 충분히 믹싱합니다.

반죽 일부를 떼어 얇게 펴봤을 때 풍선껌 같은 형태의 부드러운 막이 형성되면 반죽이 다 된 상태입니다.

윗면이 매끈하도록 둥글리기한 후 발효볼에 담고, 위생비닐을 덮어 온도는 약 37~38℃, 습도는 80% 정도를 유지해 약 1시간가량 1차 발효합니다.

1차 발효가 다 되면 반죽은 약 2배 이상 부풀어 오릅니다. 발효 시간은 온도와 습도에 따라 다소 차이가 있을 수 있으니 반죽의 상태를 꼭 확인합니다.

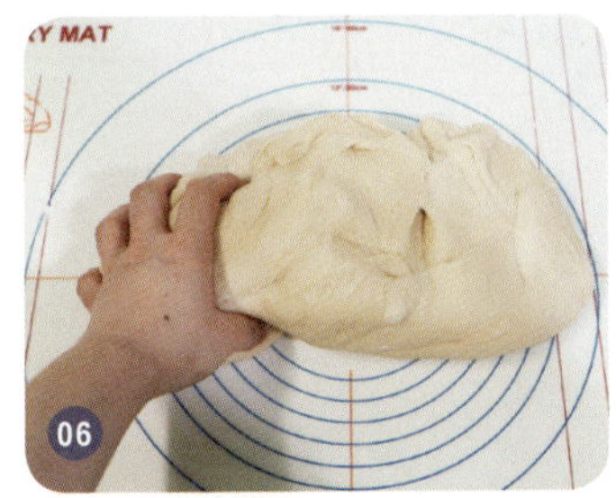

작업대에 덧가루를 뿌려 반죽을 올린 후 적당히 주물러 가스를 제거합니다.

미리 준비하기

- 단호박 크림을 미리 만들어 준비합니다 (p.35 부재료 만들기 참조).
- 흑임자 소보로를 미리 만들어 준비합니다 (p.31 부재료 만들기 참조).
- 버터를 상온에 말랑한 상태로 준비합니다.

재료

• 반죽

강력분	400g
물	180g
달걀	1개
버터	40g
소금	8g
설탕	40g
인스턴트 이스트	15g
탈지분유	16g

• 단호박 크림

단호박 중간 크기	1통
소금	2g
설탕	100~150g(당도 조절)
아몬드 분말	150g
커스터드믹스	20~30g(되기 조절)
흑임자 분말	30~40g
호두 분태	100g 내외

• 흑임자 소보로

박력분	350~400g(되기 조절)
달걀	1개
버터	130g
소금	3g
설탕	150g
베이킹파우더	6g
땅콩버터	50g
흑임자 분말	50g

반죽을 180g씩 분할한 후 윗면이 매끈한 상태가 되도록 둥글리기를 합니다. 반죽 분할 시 너무 조각조각 내지 않도록 주의합니다.

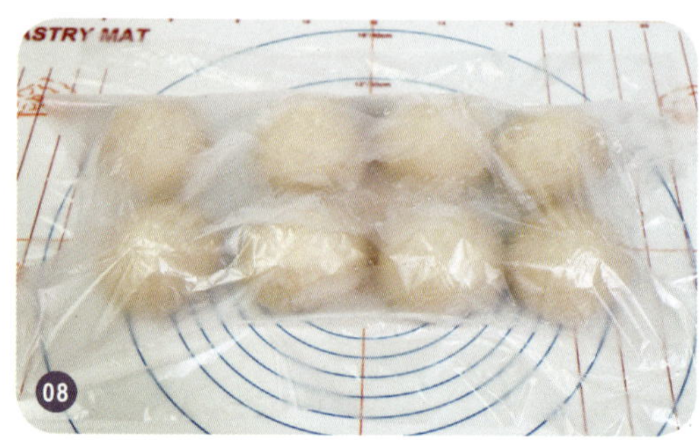

반죽이 쉴 수 있도록 위생비닐을 덮어 약 10분가량 중간 발효합니다. 분할 시 조각이 많이 난 반죽일 경우 5분가량 더 여유를 줍니다.

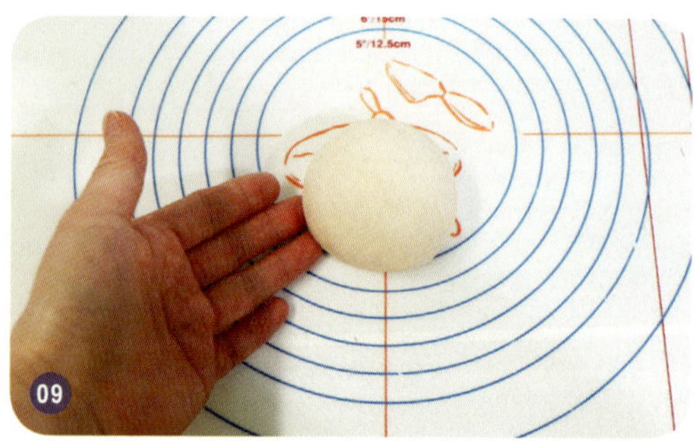

반죽을 다시 둥글리기해 가스를 살짝 빼고 윗면을 고르게 한 후 매끈한 면이 위로 올라오도록 합니다.

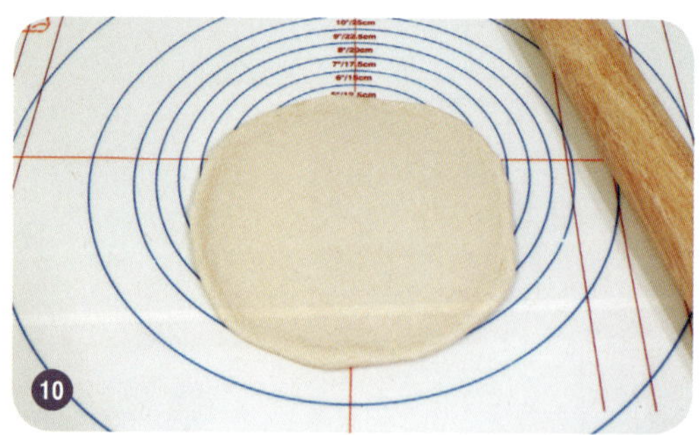

반죽을 지름이 15cm가량의 원형으로 밀대로 밀어줍니다. 밀대 질을 할 때는 적당한 힘으로 밀어 반죽이 손상되지 않도록 주의합니다.

준비한 은박 파이틀 안에 반죽을 넣어 손으로 잘 눌러 밀착시킨 후 팬에 올립니다. 온도는 36~38℃, 습도는 80% 정도를 유지해 반죽 두께가 약 2배 정도로 틀 높이보다 살짝 밑으로 올라올 때까지 2차 발효합니다. 충전물이 많이 올라가는 제품은 반죽이 쉽게 꺼질 수 있으니 발효 상태를 너무 과하게 보지 않도록 주의합니다.

미리 만들어놓은 단호박 크림 충전물을 준비하고, 오븐을 온도에 맞게 미리 예열합니다.

짤주머니에 넣은 단호박 크림을 사진과 같이 반죽 안쪽에 일정한 두께의 원형으로 짜 표면 전체를 크림으로 빈틈없이 채웁니다.

준비한 흑임자 소보로를 적당히 올립니다. 이때 무게에 의해 발효가 꺼질 수 있으니 너무 많이 올리지 않도록 주의합니다.

토핑 재료가 다 올라가면 미리 예열된 오븐에 넣어 소보로까지 적당히 갈색이 나도록 충분히 굽습니다.

타르트가 다 구워지면 식힘망에 은박 파이틀째 올려 완전히 식힙니다. 다 식은 후에는 개별 포장하고, 당일 소비가 안 될 경우에는 밀폐 용기에 넣어 하루 이틀 정도 냉장 보관합니다. 크림에 수분이 많아 쉽게 변질될 수 있으니 장기 보관 시에는 반드시 냉동 보관합니다.

흑임자 크림치즈 브레드

검은깨는 디저트 업계에서 떠오르는 가장 각광받는 재료로써 빵이나 케이크, 쿠키, 타르트 등 다양한 제품에 사용하고, 특유의 감출 수 없는 고소함 가득한 향과 맛이 색다른 즐거움을 선사합니다. 고소하고 영양 가득한 검은깨를 이용해 만드는 특별한 흑임자 크림치즈 브레드 레시피입니다. 부드러운 빵과 함께 녹아드는 흑임자 크림이 쫀득한 식감으로 다가와 고급스러운 맛과 함께 먹는 즐거움을 한층 더 높여줍니다.

분량

은박 빅 머핀컵 100g
12개

굽기

컨벡션 오븐 150℃
약 20분

일반오븐 170℃
약 25~30분

01

믹싱볼에 각각의 재료를 구분되도록 계량해 넣고, 물과 달걀을 함께 계량해 넣은 후 저속으로 돌려 한 덩어리가 될 정도로만 반죽합니다.

02

말랑한 상태의 버터를 넣고 반죽이 매끈해질 때까지 중속으로 믹싱합니다.

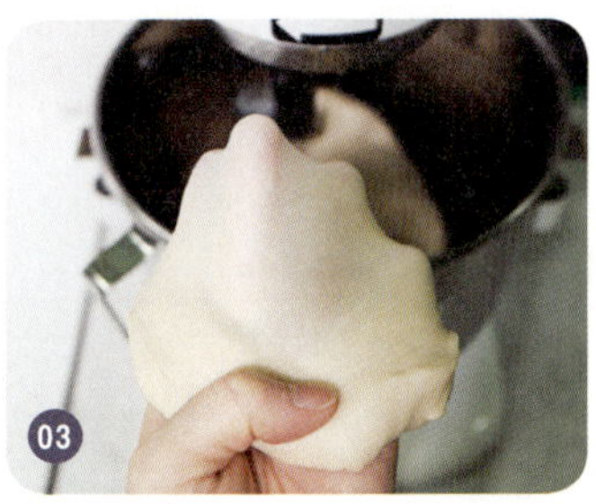

03

반죽 일부를 떼어 얇게 펴봤을 때 풍선껌 같은 형태의 막이 형성되면 반죽이 다 된 상태입니다. 반죽을 믹싱볼에서 꺼내 둥글리기를 합니다.

04

반죽을 발효볼에 넣어 위생비닐을 덮은 후 온도는 37~38℃, 습도는 80% 정도에서 약 1시간가량 1차 발효합니다. 흑임자 소보로가 미리 준비되지 않았을 시에는 1차 발효가 되는 시간을 이용해 만듭니다.

05

반죽이 2배 이상 부풀어 오르고, 반죽을 들었을 때 거미줄 같은 막이 형성되면 발효가 다 된 상태입니다.

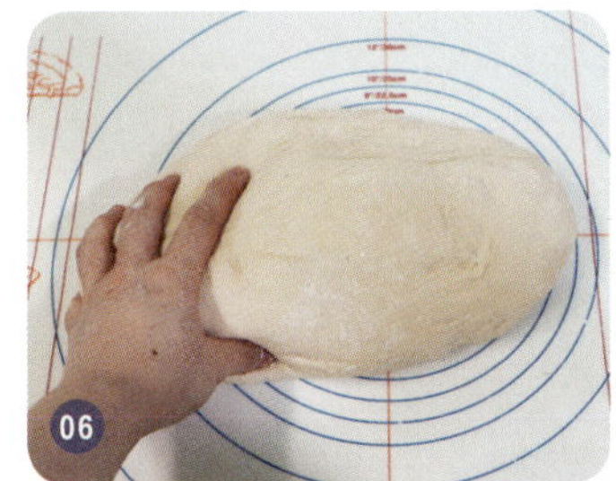

06

작업대에 덧가루를 살짝 뿌려 반죽을 올린 후 적당한 힘으로 주물러 가스를 제거합니다. 이때 반죽을 너무 세게 주물러 글루텐이 찢어지거나 손상되지 않도록 주의합니다.

미리 준비하기

- 흑임자 소보로를 미리 만들어 준비합니다 (p.31 부재료 만들기 참조).
- 흑임자 크림을 미리 만들어 준비합니다 (p.37 부재료 만들기 참조).
- 버터를 상온에 말랑한 상태로 준비합니다.

재료

• 반죽

강력분	600g
물	300g
달걀	1개
버터	60g
소금	12g
설탕	80g
인스턴트 이스트	20g
탈지분유	18g

• 흑임자 소보로

박력분	350~400g
달걀	1개
버터	130g
땅콩버터	50g
소금	3g
설탕	150g
베이킹파우더	6g
볶은 검은깨	50g

• 흑임자 크림

크림치즈	400g
달걀	1개
설탕	80g
백앙금	100g
땅콩버터	80g
흑임자 분말	적당히

반죽을 100g씩 분할합니다. 이때 반드시 저울을 사용해 정확히 분할합니다.

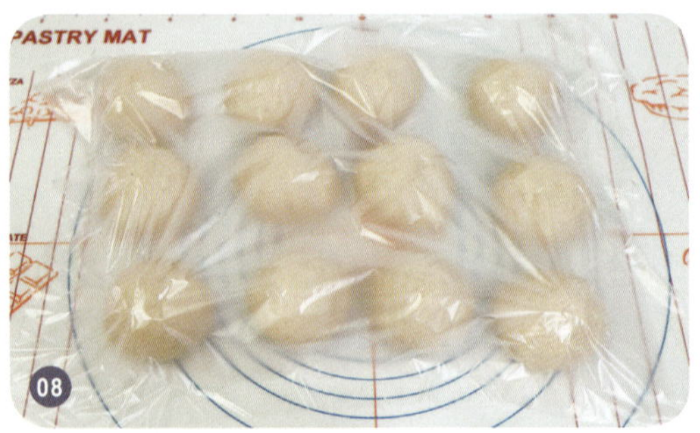

윗면이 매끈해지도록 둥글리기한 후 반죽이 쉴 수 있도록 위생비닐을 덮어 약 10분가량 중간 발효합니다. 이때 반죽 크기에 따라 손바닥에 올려 둥글리기를 하거나 작업대에 올려 양손을 이용해 둥글리기를 합니다.

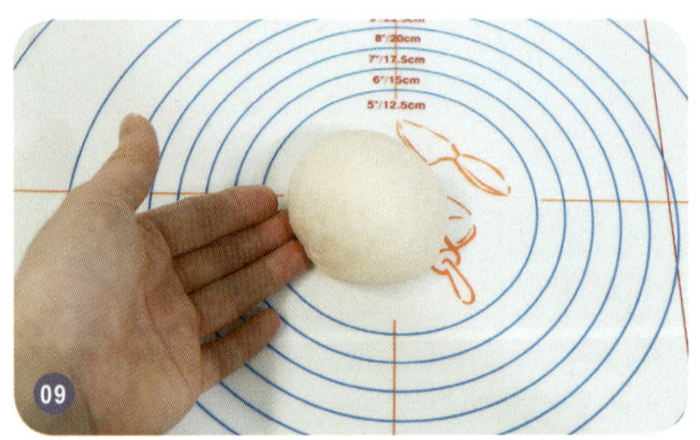

반죽을 둥글리기한 순서대로 성형합니다. 먼저 다시 둥글리기해 잔여 가스를 빼고, 매끈한 면이 위로 오도록 합니다.

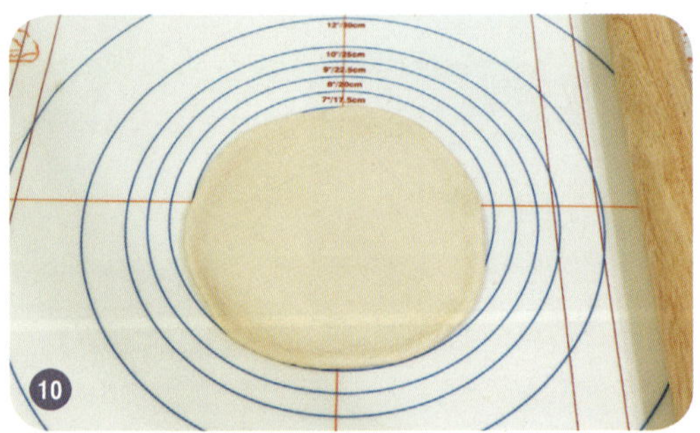

밀대로 호떡 크기보다 조금 더 크게 지름이 약 15cm 정도의 둥근 모양을 만듭니다. 이때 잔여 가스는 손으로 두들겨 빼줍니다.

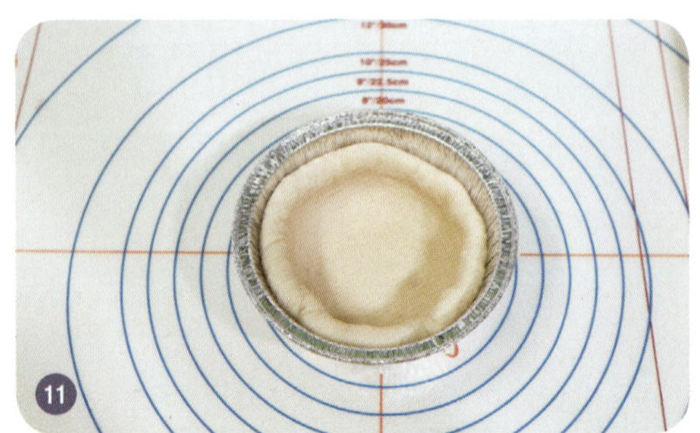

준비한 틀 가운데에 반죽을 넣고 잘 밀착시켜 틀보다 약 1cm가량 밑에 오도록 합니다. 이때 반죽이 틀보다 위로 올라오지 않도록 주의합니다.

1차 발효 때와 동일하게 온도는 37~38℃, 습도는 80% 정도에서 반죽의 바닥면이 틀의 중간쯤 올라올 때까지 약 40분가량 2차 발효합니다.

13

반죽이 통통한 상태로 2차 발효가 다 되면 오븐을 온도에 맞게 미리 예열합니다. 준비한 흑임자 크림을 짤주머니에 적당히 담은 후 크림이 새지 않도록 윗부분을 빵끈 등으로 묶습니다.

14

반죽 가운데에 짤주머니에 담은 크림을 틀 높이까지 가득 짜 넣습니다.

15

크림이 다 채워지면 미리 준비한 흑임자 소보로를 윗면에 소복이 담습니다.

16

예열된 오븐에 넣어 갈색이 충분히 나도록 굽습니다. 속에 들어 있는 크림이 익어야 하므로 일반 빵보다 10℃ 정도 낮춰 5분 정도 더 굽습니다.

17

갈색이 충분히 나고 크림까지 다 구워지면 오븐에서 꺼낸 후 은박틀을 제거하지 않은 상태로 식힘망에 옮깁니다.

18

크림이 식을 때까지 충분히 식힙니다. 크림은 따뜻할 때는 약간 묽은 상태로 있으나 충분히 식어 하루 정도 지나면 쫀득한 식감이 납니다. 유제품이 들어간 크림은 상온에 쉽게 상할 수 있으니 장기 보관할 때는 꼭 냉동 보관합니다.

와인 블루베리 캄파뉴

포도가 많이 생산되는 프랑스에서는 와인뿐만 아니라 와인을 활용한 다양한 식문화도 함께 발달했습니다. 빵을 하나의 문화로 보고 있는 프랑스에서 빵과 와인은 환상적인 궁합을 자랑합니다. 대표적인 프랑스의 가장 소박한 시골 빵으로 알려진 캄파뉴는 맛과 함께 향도 풍부해 많은 사람이 즐기는 대중적인 빵입니다.

분량

350g 2개

굽기

컨벡션 오븐 250℃ 약 5분,
160℃ 약 15분

일반오븐 250℃ 약 8분,
180℃ 약 15분

01

건조 블루베리에 약간의 와인을 넣어 버무리고 미지근한 물을 넣어 약 20분 가량 불린 후 반죽에 넣기 전 물기를 최대한 제거합니다.

02

믹싱볼에 밀가루, 호밀가루, 소금, 그리고 이스트를 넣은 후 와인을 붓습니다.

🧑‍🍳 미리 준비하기

- 호두 분태를 볶거나 오븐에 구운 후 미리 식혀 준비합니다.
- 건조 블루베리를 와인에 담가 20분가량 불려 전처리합니다.
- 빵을 구울 때 오븐에 넣을 자갈을 1시간 이상 달굽니다.
- 버터를 상온에 말랑한 상태로 준비합니다.

🥄 재료

• 반죽	
강력분	300g
호밀가루	50g
소금	6g
인스턴트 이스트	10g
와인	200g
건조 블루베리	150g
와인 약간(전처리용)	
볶은 호두 분태	50g

03

반죽이 매끈하게 될 정도까지 중속으로 충분히 믹싱합니다.

04

반죽 한쪽을 약간 떼어 얇게 펴봤을 때 풍선껌 같은 부드러운 막이 잘 형성되면 반죽이 완료된 상태입니다.

05

물기를 제거한 블루베리와 볶은 호두를 넣고 저속으로 섞다가 반죽에 잘 밀착되면 중속으로 돌려 반죽과 충전물이 잘 섞이도록 합니다. 반죽과 충전물이 한 덩어리로 뭉쳐지면 믹싱볼에서 꺼냅니다.

06

내용물이 빠지지 않도록 반죽을 잘 뭉쳐 윗면이 매끈해지도록 둥글리기한 후 발효볼에 담고, 위생비닐을 덮어 온도는 37~38℃, 습도는 80% 정도를 유지해 1차 발효합니다.

반죽이 2배 이상 부풀어 오르면 발효가 다 된 상태입니다.

반죽에 버터가 들어가지 않아 들러붙을 수 있으니 작업대에 덧가루를 충분히 뿌리고 반죽을 올린 후 주물러 가스를 살짝 제거합니다.

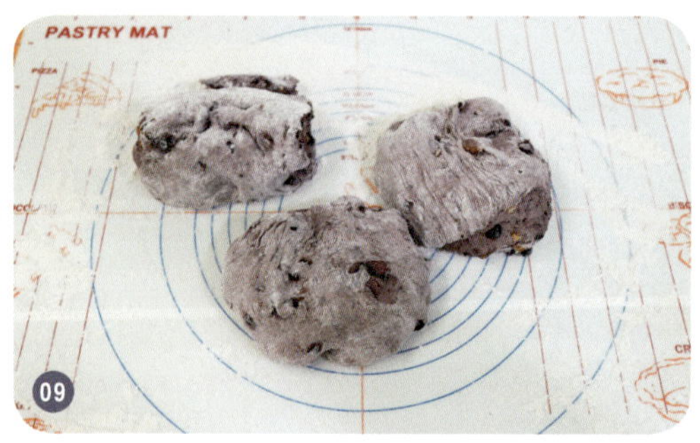

반죽을 350g씩 분할한 후 반죽을 양손으로 감싸 오른쪽 왼쪽을 둥글게 번갈아 가면서 원을 그리듯 둥글리기를 합니다.

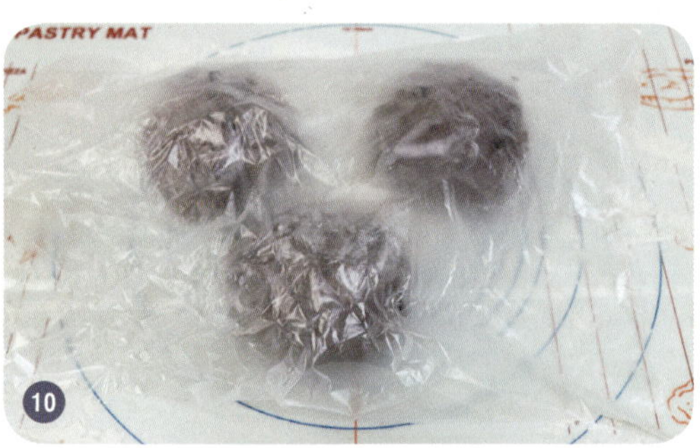

반죽 위에 위생비닐을 덮어 약 10분 정도 중간 발효합니다.

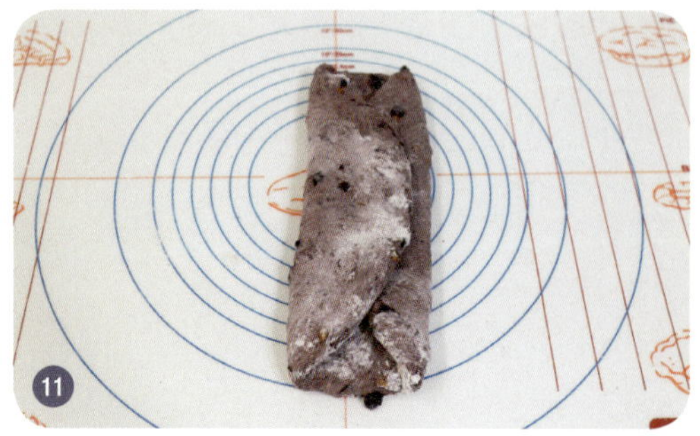

반죽을 넓은 직사각형 형태로 밀대로 대충 가볍게 밀어준 후 가운데를 기준으로 겹쳐지게 접습니다. 이때 너무 세게 밀지 않도록 주의합니다.

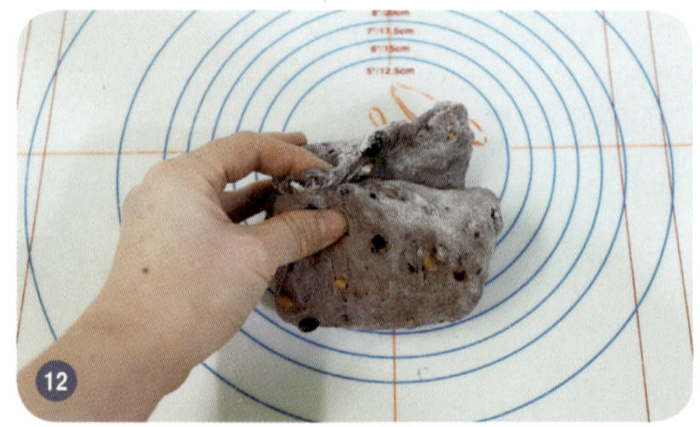

반죽을 위에서부터 가볍게 돌돌 말고, 이음매 부분이 터지지 않도록 잘 여밉니다.

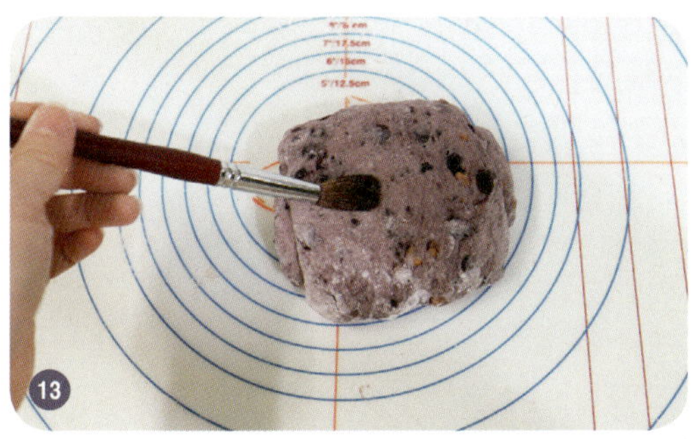

바구니에 뿌려둔 호밀가루가 잘 밀착되도록 반죽 위에 붓으로 물을 넉넉히 칠합니다.

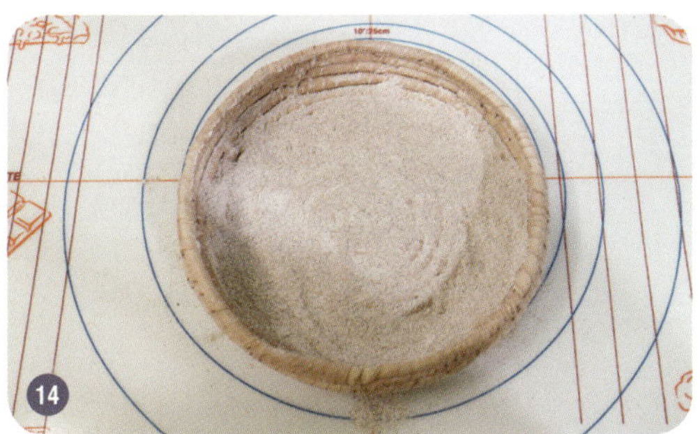

2차 발효에 필요한 바구니 안에 호밀가루를 넉넉히 뿌려 준비합니다.

물을 바른 쪽이 밑으로 온 상태에서 반죽을 바구니 안에 넣고, 윗면의 이음매 부분이 터지지 않도록 호밀가루를 넉넉히 뿌려 2차 발효합니다.

손바닥을 최대한 벌려 그 위에 반죽을 올린 후 발효가 꺼지지 않도록 주의하면서 팬 위에 그대로 올립니다. 잠시 대기하는 동안 달궈진 자갈 위에 부을 물을 끓입니다.

200℃ 이상으로 충분히 예열된 오븐에 달궈진 자갈팬과 반죽팬을 넣은 후 자갈 위에 재빨리 뜨거운 물을 붓고, 신속하게 오븐 문을 닫습니다. 고온으로 약 10분가량 구운 후 빵이 적당히 부풀어 오르고 색이 나기 시작하면 다시 160℃로 내려 속까지 골고루 익힙니다.

다 구워진 빵을 오븐에서 꺼내 식힘망에서 완전히 식힌 후 개별 포장해 보관합니다.

무화과 감자 크림 롤

무화과와 감자는 얼핏 보면 전혀 어울리지 않는 느낌이지만 의외로 잘 어울리는 재료입니다. 무화과의 톡톡 씹히는 독특한 식감과 부드러운 감자가 빵과 함께 조화를 이루면서 평범했던 감자가 갑자기 특별하게 느껴지는 순간이 옵니다. 주변에서 쉽게 구할 수 있는 재료를 이용해 독특한 아이디어로 개성 넘치는 나만의 제품을 만들 수 있다는 점이 홈베이킹의 매력입니다.

🍶 **분량**

200g 6개

📷 **굽기**

컨벡션 오븐 160℃
약 15~20분

일반오븐 180℃
약 20분

01 믹싱볼에 각각의 재료를 구분되도록 계량해 넣고, 물과 달걀은 함께 계량해 넣은 후 저속으로 한 덩어리가 될 정도로 섞습니다.

02 말랑한 상태의 버터를 넣고 반죽이 매끈한 상태가 될 때까지 중속으로 충분히 믹싱합니다.

03 반죽 일부를 떼어 얇게 펴봤을 때 풍선껌 같은 형태의 부드러운 막이 형성되면 반죽이 다 된 상태입니다.

04 반죽 윗면이 매끈하도록 둥글리기한 후 발효볼에 담고, 위생비닐을 덮어 온도는 37~38℃, 습도는 80% 정도를 유지해 반죽이 2배 이상 되도록 약 1시간가량 1차 발효합니다. 발효 시간은 온도와 습도에 따라 다소 차이가 날 수 있습니다.

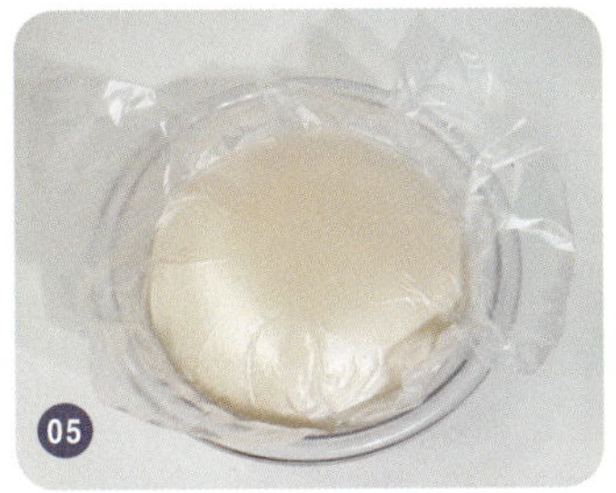

05 작업대에 덧가루를 적당히 뿌리고 발효된 반죽을 올립니다.

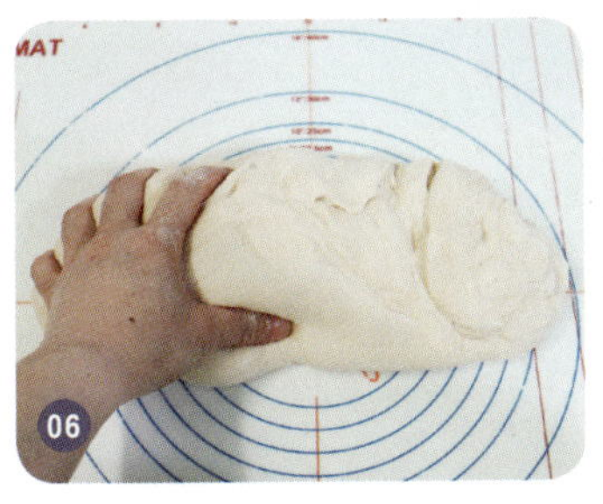

06 적당한 힘으로 반죽을 충분히 주물러 가스를 제거합니다.

🍳 미리 준비하기

- 무화과 감자 크림을 미리 만들어 준비합니다(p.38 부재료 만들기 참조).
- 버터를 상온에 말랑한 상태로 준비합니다.

🥄 재료

• 반죽

강력분	600g
물	300g
버터	60g
달걀	1개
소금	12g
설탕	80g
인스턴트 이스트	20g
탈지분유	24g

• 무화과 감자 크림

감자 중간 크기	3개
크림치즈	150g
달걀	1개
버터	50g
소금	1g
설탕	100g
무화과 다이스	200~250g
볶은 호두 분태	100~150g

07

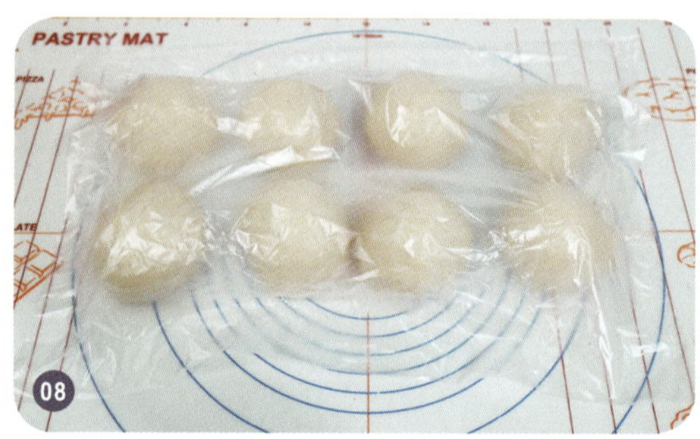

08

반죽을 200g씩 분할한 후 둥글리기를 합니다. 분할할 때는 너무 조각조각 내지 않도록 주의하고, 분할로 인해 글루텐이 손상되었을 때는 중간 발효 시간을 조금 늘리도록 합니다.

반죽이 쉴 수 있도록 위생비닐을 덮어 약 10분가량 중간 발효합니다.

09

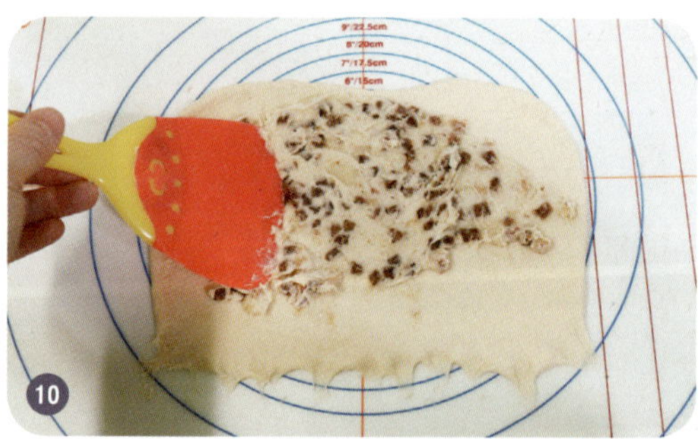

10

반죽을 다시 둥글리기해 가스를 살짝 빼고 윗면을 고르게 한 후 거친 면이 위로 온 상태에서 가로가 넓은 직사각형 모양으로 밀어줍니다. 아랫단 반죽이 말리지 않도록 손가락으로 눌러 작업대에 붙입니다.

준비한 무화과 감자 크림을 깔끔 주걱을 이용해 적당한 두께로 골고루 펴 바릅니다. 이때 반죽이 찢어지지 않도록 주의합니다.

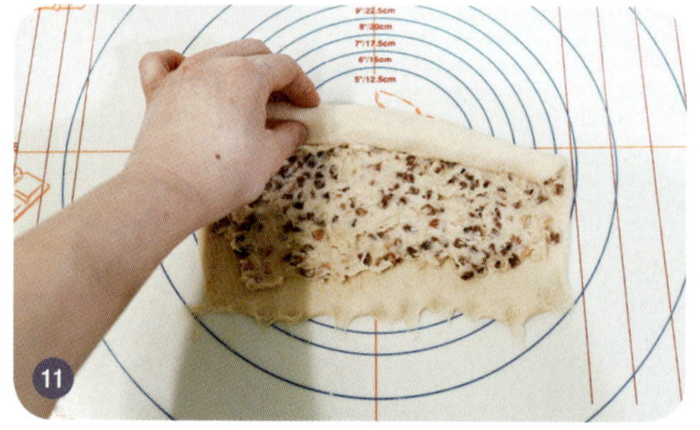

11

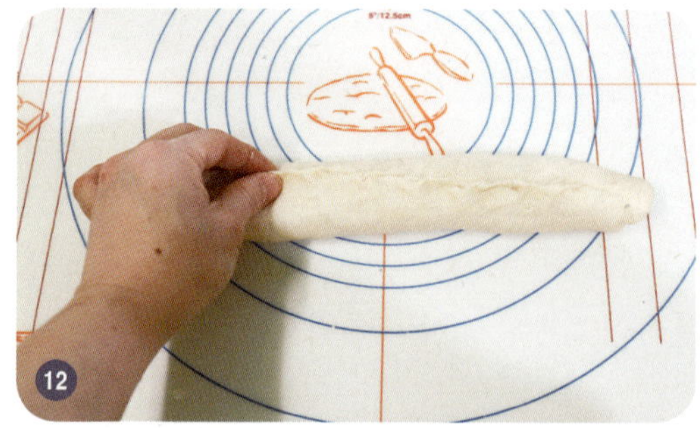

12

공기가 들어가지 않도록 반죽을 위에서부터 단단하게 잘 말아줍니다.

이음매 부분이 터지지 않도록 꼼꼼하게 꼬집어서 잘 여밉니다.

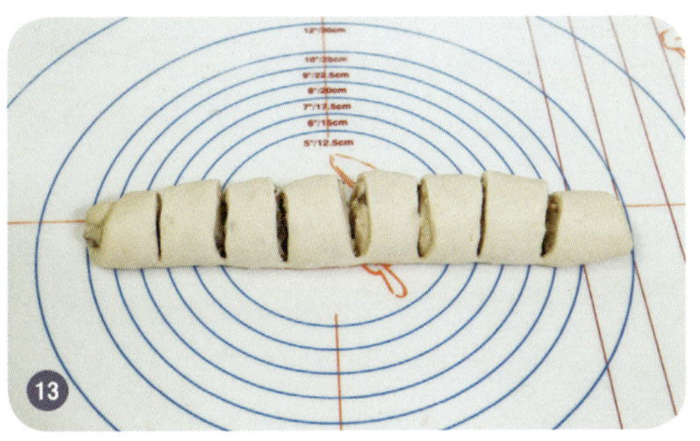

이음매 부분이 밑으로 온 상태에서 주방 가위를 이용해 2/3 정도만 자릅니다. 이때 반죽이 다 잘리지 않도록 주의합니다.

말발굽 모양과 비슷하게 타원형으로 휘어진 모양을 잡아줍니다.

빵팬에 어느 정도 간격을 두고 반죽을 올립니다. 반죽을 옮길 때 가위로 자른 부분이 끊어지지 않도록 주의합니다.

온도는 37~38℃, 습도는 80% 정도를 유지해 반죽이 2배 정도 두꺼워질 때까지 2차 발효합니다. 발효가 2/3 이상 진행되면 오븐을 온도에 맞게 미리 예열합니다. 발효 시간은 온도와 습도에 따라 다소 차이가 있을 수 있으니 반드시 반죽의 상태를 보고 구워주도록 합니다.

발효가 다 되면 미리 예열된 오븐에 넣어 굽습니다. 다 구워진 빵은 스크래퍼 등을 이용해 식힘망에 잘 옮깁니다.

식힘망에 옮겨진 빵을 그대로 완전히 식힙니다. 빵이 마르지 않도록 개별 포장하고, 장기 보관할 때는 냉동실에 넣어 보관합니다.

멀티그레인 브레드

우리 가족의 건강을 챙겨줄 7가지 곡류(콩, 호밀, 전밀, 소맥, 귀리, 보리, 몰트)가 골고루 들어간 멀티그레인 브레드 레시피입니다.

🥛 **분량**

160g 6개

📺 **굽기**

컨벡션 오븐 170℃
약 15~18분

일반오븐 180~190℃
약 20~25분

믹싱볼에 밀가루, 멀티그레인믹스, 그리고 콩가루와 함께 각각의 재료를 구분되도록 계량해 준비하고, 설탕과 이스트는 서로 닿지 않도록 합니다. 물과 달걀을 함께 계량해 넣고 한 덩어리가 될 정도로만 저속으로 섞습니다.

말랑한 상태의 버터를 넣고 반죽 표면이 매끈해지고 윤기가 날 때까지 중속으로 믹싱합니다.

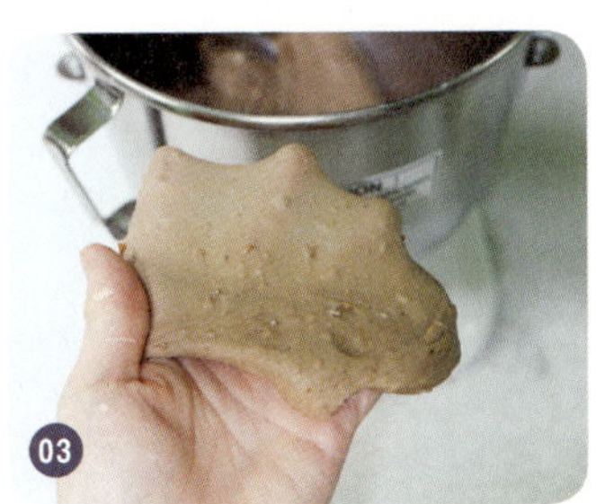

반죽 일부를 떼어 얇게 펴봤을 때 풍선껌 같은 형태의 막이 형성되면 반죽이 다 된 상태입니다. 반죽을 믹싱볼에서 꺼내 둥글리기를 합니다.

반죽을 발효볼에 넣어 위생비닐을 덮은 후 온도는 38℃, 습도는 80%를 유지해 약 2배 이상 커질 때까지 1시간가량 1차 발효합니다.

1차 발효가 다 되면 작업대에 약간의 덧가루를 뿌리고 반죽을 올립니다.

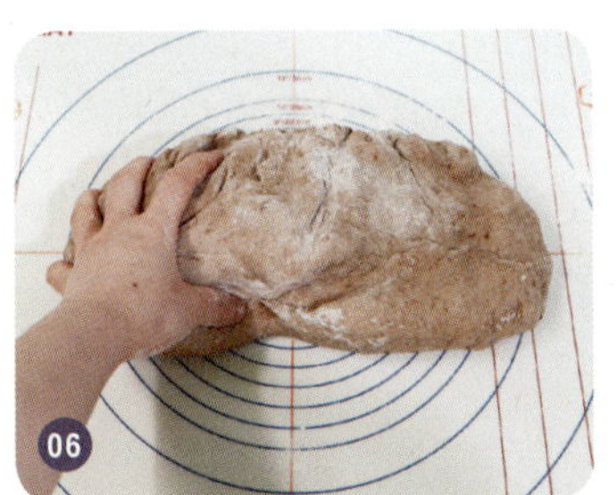

반죽을 적당한 힘으로 골고루 주물러 가스를 제거합니다.

미리 준비하기

- 토핑용 검은깨를 미리 볶아서 식힌 상태로 준비합니다.
- 반죽에 들어갈 버터를 상온에 말랑한 상태로 준비합니다.

재료

- 반죽

강력분	400g
물	260~280g
달걀	1개
버터	40g
소금	10g
설탕	40g
인스턴트 이스트	18g
탈지분유	12g
멀티그레인믹스	80g
볶은 콩가루	40g

- 토핑용

볶은 검은깨	적당히

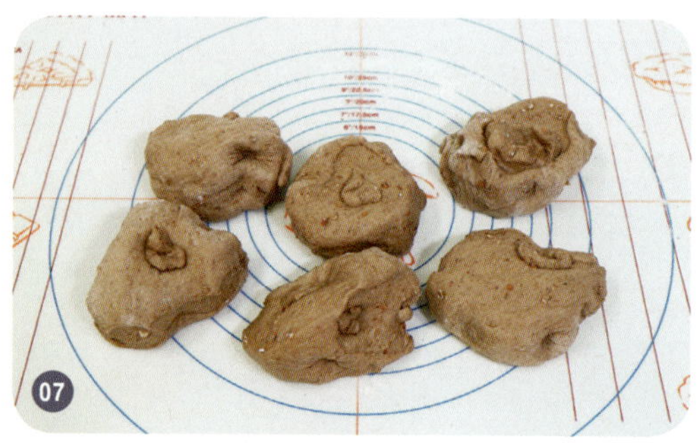

반죽을 분량에 맞게 분할한 후 윗면이 매끈해지도록 둥글리기를 합니다. 반죽을 분할할 때는 너무 조각내지 않도록 주의합니다.

반죽이 잠시 쉴 수 있도록 위생비닐을 덮어 약 10분가량 중간 발효합니다.

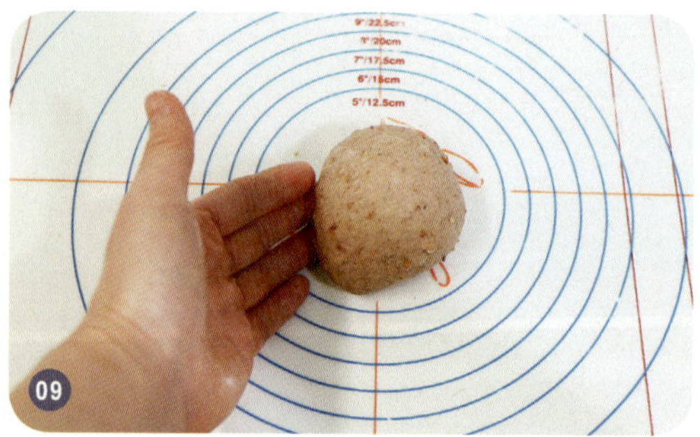
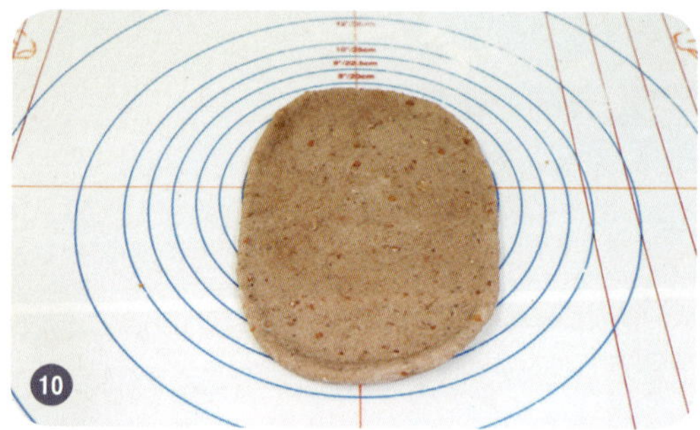

반죽을 다시 둥글리기해 잔여 가스를 빼고 윗면이 매끈해지도록 한 후 거친 면이 위로 올라오도록 합니다.

가로는 12cm 정도, 두께는 5mm 정도, 세로 길이는 16cm 정도의 타원형으로 밀대로 밀어준 후 손바닥으로 두들겨 잔여 가스를 제거합니다.

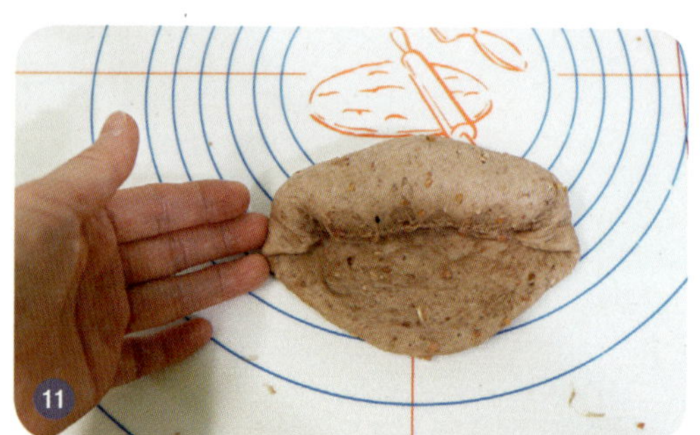

양손을 갈고리 모양으로 만들어 반죽 윗면의 둥근 부분을 감싼 후 공기가 들어가지 않도록 위에서부터 가운데가 둥근 모양으로 말아줍니다.

가운데가 통통한 고구마 모양으로 성형이 다 되면 이음매 부분을 터지지 않도록 꼼꼼하게 꼬집어 여밉니다.

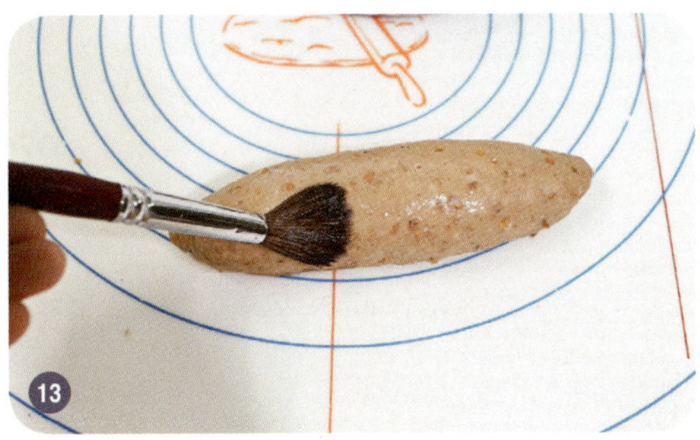

반죽을 뒤집어 매끈한 부분이 위로 오도록 한 후 붓으로 윗면에 물을 골고루 칠합니다.

그릇에 볶은 검은깨를 준비한 후 물이 묻은 쪽으로 쿡 눌러 검은깨가 떨어지지 않도록 단단히 붙입니다.

팬에 간격을 유지해 반죽을 올리고 발효되면서 굴러가지 않도록 꾹 눌러 밀착시킨 후 온도는 37~38℃, 습도는 80% 정도에서 2차 발효합니다.

발효가 2/3 이상 진행되면 오븐을 170℃로 미리 예열합니다. 반죽이 약 2배 이상 부풀어 오르고, 팬을 들고 살살 흔들었을 때 물풍선처럼 살랑살랑 흔들리면 발효가 다 된 상태입니다.

반죽을 미리 예열된 오븐에 넣어 진한 갈색이 나도록 굽습니다. 일반 빵보다 색을 좀 더 진하게 먹음직스럽도록 냅니다.

잘 구워진 멀티그레인 빵을 팬에서 바로 식힘망에 옮겨 눅눅해지지 않도록 완전히 식힙니다. 장기 보관 시에는 수분이 날아가지 않도록 잘 밀봉해 냉동 보관합니다.

토마토 브로콜리 포카치아

이탈리아 빵은 각기 다른 향과 맛, 개성 넘치는 모양을 가지고 있어 한 눈에
도 알 수 있습니다. 그중에서도 가장 많이 알려진 포카치아는 납작하게 모
양을 잡아 만드는 형태로 우리나라에서는 주로 샌드위치용 빵으로 많이 활
용하고 있습니다. 가족의 건강을 위한 아침 식단으로 신선한 토마토와 브로
콜리를 함께 넣어 만드는 포카치아 레시피입니다. 독특하고 개성 넘치는 맛
과 쫄깃한 식감, 향기로운 빵 냄새로 아침 식탁이 좀 더 화려하고 풍요로워
질 것입니다.

분량

은박 파이틀 200g 6개

굽기

컨벡션 오븐 160℃
약 15분

일반오븐 180℃
약 20분

깨끗이 세척한 잘 익은 토마토를 믹서에 넣고 분량의 물을 부어 함께 갈아줍니다.

믹싱볼에 강력분, 소금, 설탕, 그리고 이스트를 넣고, 잘 갈아진 토마토즙과 올리브 오일을 함께 넣은 후 저속으로 한 덩어리가 될 정도로 섞습니다.

부드러운 식감의 포카치아를 위해 약간의 버터를 넣습니다(기호에 따라 버터는 생략 가능).

반죽이 어느 정도 매끈한 상태가 되고, 반죽 일부를 떼어 얇게 펴봤을 때 풍선껌 같은 형태의 막이 균일하게 생기면 반죽이 다 된 상태입니다.

반죽을 믹싱볼에서 꺼내 표면이 매끄럽게 되도록 둥글리기한 후 발효볼에 담고, 위생비닐을 덮어 온도는 37~38℃, 습도는 80% 정도에서 약 1시간가량 1차 발효합니다.

반죽이 2배 이상 부풀어 오르고, 반죽을 들었을 때 거미줄 같은 막이 형성되면 발효가 다 된 상태입니다.

미리 준비하기

- 토마토는 되도록 빨간색을 사용하고, 깨끗이 씻어 물과 함께 믹서에 곱게 갈아줍니다.
- 브로콜리를 흐르는 물에 씻은 후 송이를 잘게 잘라 준비합니다.
- 버터를 상온에 말랑한 상태로 준비합니다.

재료

- 반죽

강력분	600g
물	120~160g(되기 조절)
버터	30g
소금	12g
설탕	12g
인스턴트 이스트	18g
올리브 오일	30g
토마토 중간 크기	2개
반죽 표면에 바를 올리브 오일 약간	

- 토핑용

브로콜리	1송이
마요네즈 적당히	
건조 파슬리가루 약간	

작업대에 약간의 덧가루를 뿌리고 반죽을 올린 후 적당한 힘으로 주물러 가스를 대충 제거합니다.

반죽을 200g씩 분할합니다. 이때 반죽을 많이 조각내서 계량하지 않도록 주의합니다.

반죽 윗면이 매끄럽게 되도록 두 손으로 반죽을 감싸 쥐고 둥글게 모양을 그리면서 둥글리기한 후 반죽이 잠시 쉴 수 있도록 위생비닐을 덮어 약 10분가량 중간 발효합니다.

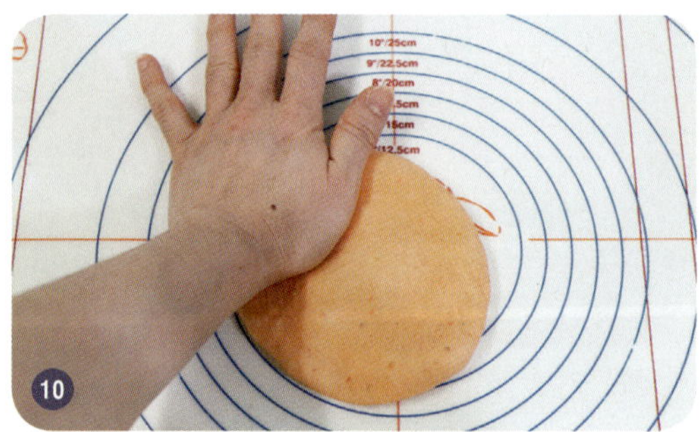

반죽을 다시 살짝 둥글리기하고, 매끈한 면이 위로 오도록 한 후 손으로 눌러 납작한 모양으로 만듭니다.

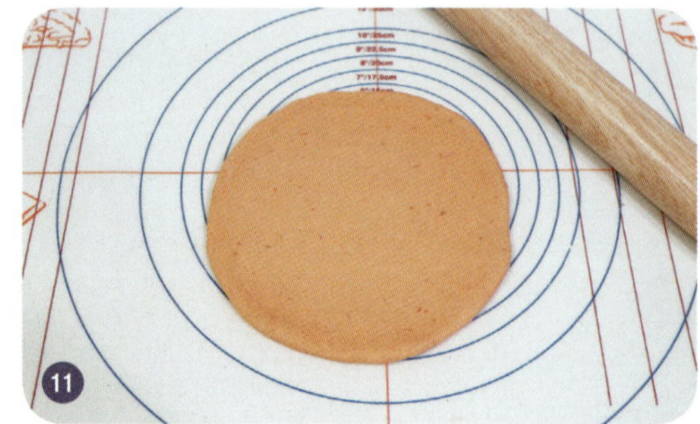

반죽을 최대한 원형 모양을 유지하면서 지름이 약 15~17cm 정도의 은박 파이틀에 들어갈 크기로 밀어줍니다. 은박틀이 준비되지 않았을 경우에는 빵팬에 반죽째 올려 구워도 무방하나 반죽을 너무 얇게 밀지 않도록 주의합니다.

반죽을 은박 파이틀 안에 넣고 공기가 들어가지 않도록 잘 눌러 틀 바닥에 밀착시킵니다(빵의 전체 모양이 원형을 잘 유지할 수 있도록 파이틀을 사용).

반죽을 빵팬에 올린 후 온도는 37~38℃, 습도는 80% 정도를 유지해 반죽이 틀 높이로 적당히 올라올 때까지 2차 발효합니다.

준비한 올리브 오일을 표면에 적당히 바릅니다. 이때 반죽의 발효가 꺼지지 않도록 가볍게 터치하면서 바릅니다.

오일을 다 바른 후 준비한 건조 파슬리가루를 적당히 뿌립니다.

준비한 브로콜리를 적당히 올리고, 짤주머니에 마요네즈를 담아 브로콜리 위에 골고루 뿌립니다. 2차 발효와 토핑 재료를 올리는 동안 오븐을 꼭 미리 예열합니다.

예열된 오븐에 넣은 후 보기 좋게 적당히 갈색이 날 정도로 약 15분간 굽습니다. 중간에 10분가량 구워 갈색이 나기 시작하면 색이 골고루 나도록 오븐 문을 열고 재빨리 팬을 한 바퀴 돌립니다.

다 구워진 포카치아를 은박틀째로 식힘망에 올려 그대로 식힙니다. 다 식은 후에는 개별 포장하고, 과즙이 들어간 반죽이므로 상온에 오래 두지 않도록 합니다. 장기 보관 시에는 반드시 냉동 보관합니다.

파슬리 그리시니

이탈리아의 많은 빵이 소금과 함께 물과 이스트만 넣고 만들어 달지 않고 밋밋한 맛 때문에 좋아하지 않는 사람도 있지만, 오히려 그런 점이 매력으로 다가와 우리나라에서도 많은 사랑을 받고 있습니다. 이탈리아 빵 중에서도 담백한 그리시니는 스틱 형태의 기다란 모양으로 크림치즈나 토마토 소스를 찍어 먹거나 베이컨 등을 말아 먹기도 합니다. 프랑스의 나폴레옹이 워낙 즐겨 먹었다고 해서 '나폴레옹의 지팡이'라는 애칭도 가지고 있습니다.

분량

40g 16~18개

굽기

컨벡션 오븐 160℃
약 10~12분

일반오븐 170℃
약 12~15분

01

믹싱볼에 각각의 재료와 파슬리를 계량해 서로 구분되도록 넣고, 물, 달걀, 그리고 올리브 오일을 함께 계량해 넣은 후 저속으로 천천히 한 덩어리가 될 정도로만 섞습니다.

02

말랑한 상태의 버터를 반죽에 넣고 반죽이 매끈해지고 표면에 윤기가 날 때까지 중속으로 충분히 믹싱합니다.

03

반죽 일부를 떼어 얇게 펴봤을 때 풍선껌 같은 부드러운 막이 형성되면 반죽이 다 된 상태입니다.

04

반죽 윗면이 매끈하게 되도록 둥글리기한 후 발효볼에 넣고, 위생비닐을 덮어 온도는 37~38℃, 습도는 80% 정도를 유지해 약 1시간가량 1차 발효합니다.

05

반죽이 2배 이상 부풀어 올라 반죽 속에 거미줄 같은 막이 형성되면 발효가 다 된 상태입니다. 작업대에 덧가루를 조금 뿌리고 반죽을 올립니다.

06

반죽을 적당한 힘으로 주물러 가스를 제거합니다.

🍳 미리 준비하기

• 버터를 미리 상온에 말랑한 상태로 준비합니다.

🥄 재료

강력분	350g
물	160g
버터	35g
달걀	1개
소금	7g
설탕	4g
인스턴트 이스트	11g
올리브 오일	7g
건조 파슬리	2g
반죽 표면에 바를 올리브 오일 약간	

반죽을 40g씩 분할합니다. 분할 양이 적으므로 반죽을 손바닥에 올려 한 손으로 감싸 쥔 후 윗면이 매끈해지도록 둥글리기를 합니다.

둥글리기가 다 된 반죽을 순서대로 작업대에 올린 후 위생비닐을 덮어 약 10분가량 중간 발효합니다.

반죽을 둥글리기한 순서대로 성형합니다. 먼저 다시 둥글리기해 가스를 살짝 빼줍니다.

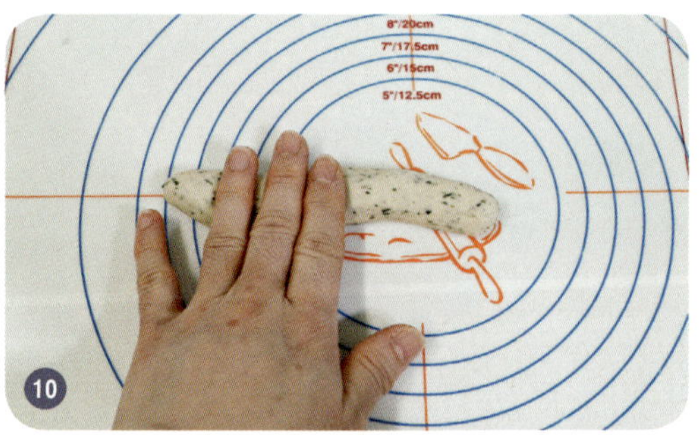

작업대에 올려 양손으로 비비듯 계속 굴리며 기다란 모양으로 만듭니다. 이때 너무 힘을 줘 억지로 늘리면 글루텐이 찢어져 2차 발효가 저하될 수 있습니다.

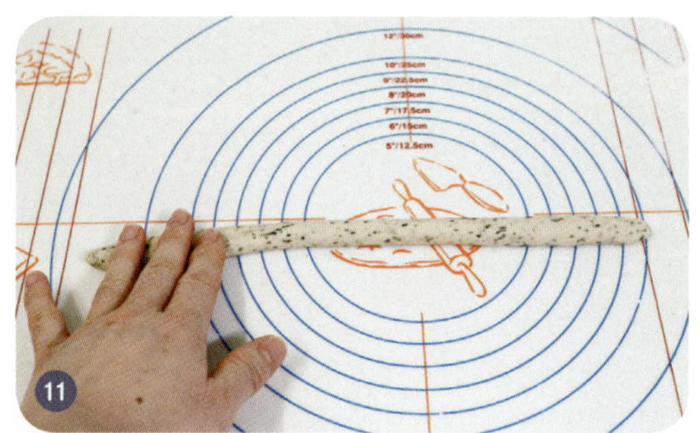

반죽을 약 30~35cm 정도 되게 밀어준 후 잔여 가스를 눌러 제거합니다.

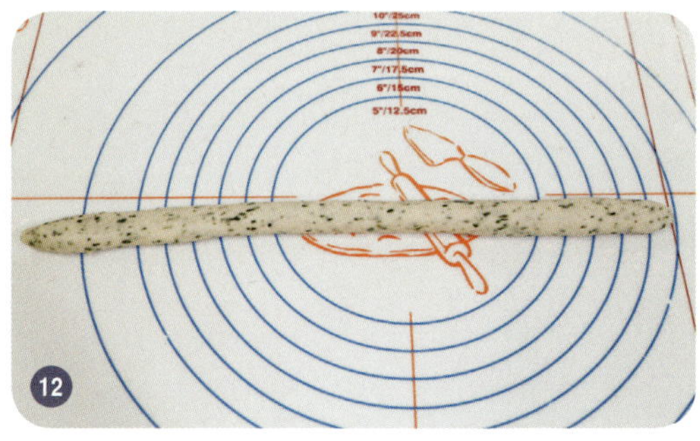

다시 손바닥으로 굴려 모양을 매끈하게 잡아줍니다.

서로 붙지 않도록 간격을 어느 정도 여유 있게 벌려 팬에
올립니다. 1차 발효 때와 동일한 조건으로 2차 발효합니다.
반죽의 발효 상태는 일반 빵의 80% 정도로 어느 정도 통
통해지기 시작하면 오븐을 온도에 맞게 예열합니다.

2차 발효가 다 된 반죽을 미리 예열된 오븐에 갈색이 나도
록 굽습니다.

반죽이 구워져 살짝 갈색이 나면 제품의 앞뒤 색이 달라지
지 않도록 오븐을 열고 재빨리 팬을 한 바퀴 돌려 먹음직
스러운 갈색이 날 때까지 굽습니다.

뜨거울 때 표면에 올리브 오일을 붓으로 살짝 발라주면 마
르지 않고 올리브 향기도 나면서 더욱 맛있게 드실 수 있
습니다.

콩가루 잡곡빵

정겨운 맛으로 옛 추억과 그리운 엄마의 손맛을 떠올리게 하는 콩가루 잡곡빵 레시피입니다. 거친 잡곡과 함께 영양 많은 콩가루를 듬뿍 넣어 구수한 맛, 소박하지만 정성이 가득한 가족의 영양 간식입니다.

📷 분량

300g 4개

📷 굽기

컨벡션 오븐 170℃
약 20분

일반오븐 180~190℃
약 20~25분

01 믹싱볼에 밀가루, 콩가루, 오트밀 분말, 그리고 이지 스페클과 함께 각각의 재료를 구분되도록 계량해 준비하고, 설탕과 이스트는 서로 닿지 않도록 합니다. 물과 함께 달걀을 넣은 후 한 덩어리가 될 정도로만 저속으로 섞습니다.

02 말랑한 상태의 버터를 넣고 반죽 표면이 매끈해지고 윤기가 날 때까지 중속으로 반죽합니다. 곡물이 많이 들어간 반죽은 글루텐 형성이 저하되므로 활성 글루텐을 조금 넣어 도움이 되도록 합니다.

03 반죽 일부를 떼어 얇게 펴봤을 때 풍선껌 같은 형태의 막이 형성되면 반죽이 다 된 상태입니다.

04 반죽을 믹싱볼에서 꺼내 윗면이 매끈하게 되도록 둥글리기한 후 발효볼에 넣고, 위생비닐을 덮어 온도는 38℃, 습도는 80%를 유지해 1시간가량 1차 발효합니다.

05 반죽이 2배 이상 커지고, 반죽을 들었을 때 거미줄 같은 조직이 생기면 1차 발효가 다 된 상태입니다. 작업대에 약간의 덧가루를 뿌리고 반죽을 올립니다.

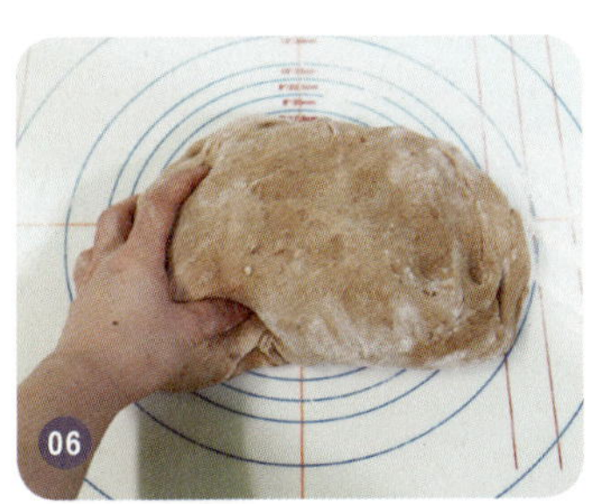

06 반죽을 적당한 힘으로 골고루 주물러 가스를 제거합니다. 이때 반죽이 손상되지 않도록 너무 세게 주무르지 않습니다.

미리 준비하기

- 오트밀을 구운 상태로 사용하고, 분말이 없을 때는 푸드프로세서에 곱게 갈아 사용합니다.
- 버터를 상온에 말랑한 상태로 준비합니다.

재료

• 반죽

강력분	400g
물	300~350g
달걀	1개
버터	40g
소금	10g
설탕	40g
인스턴트 이스트	20g
탈지분유	16g
콩가루	50g
오트밀 분말	50g
활성 글루텐	5g
이지 스페클	100g

• 토핑용

볶은 콩가루 적당히	

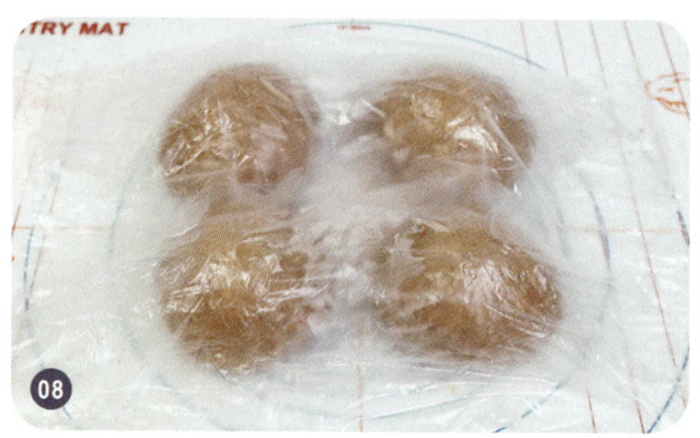

분량에 맞게 반죽을 분할한 후 윗면이 매끈해지도록 둥글리기를 합니다. 반죽 양이 많으므로 바닥에 반죽을 밀착시킨 후 양손으로 감싸 쥐고 포물선을 그리듯이 돌리면서 둥글리기를 합니다.

반죽이 잠시 쉴 수 있도록 위생비닐을 덮어 약 10분가량 중간 발효합니다.

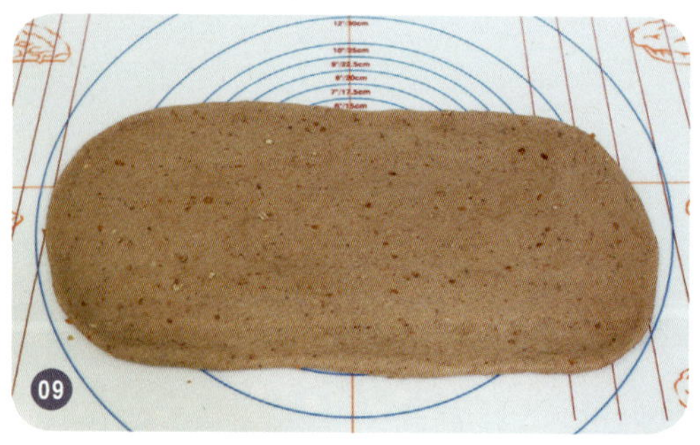

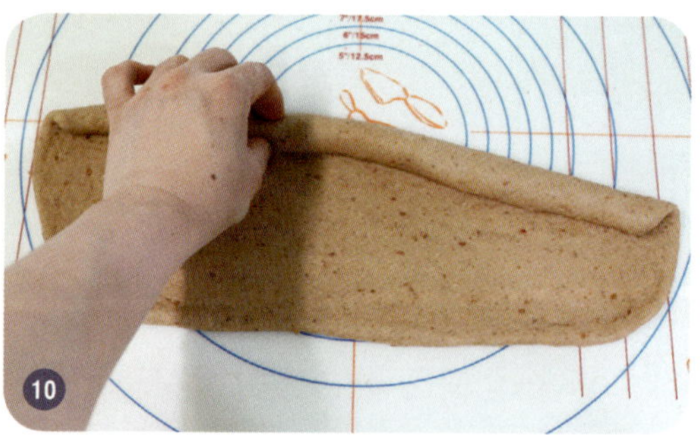

반죽을 가로는 33cm 정도, 두께는 5mm 이상, 세로 길이는 15cm 정도의 옆으로 긴 타원형으로 밀대로 밀어줍니다. 2차 발효 시에 반죽이 찢어질 수 있으니 밀대 질을 너무 세게 하지 않도록 주의합니다.

반죽이 다 밀어지면 공기가 들어가지 않도록 위에서부터 밀착해 돌돌 말아줍니다.

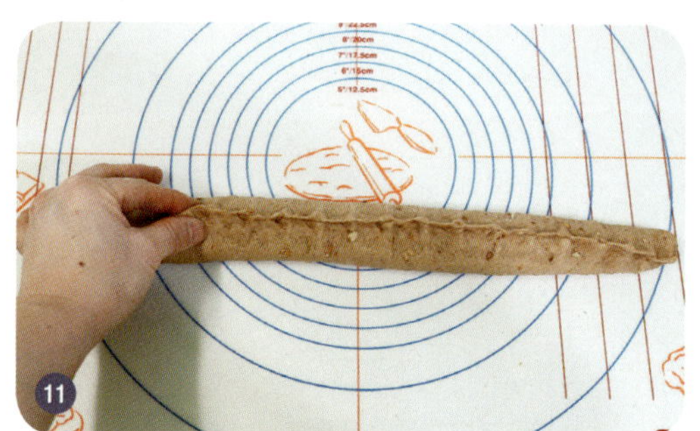

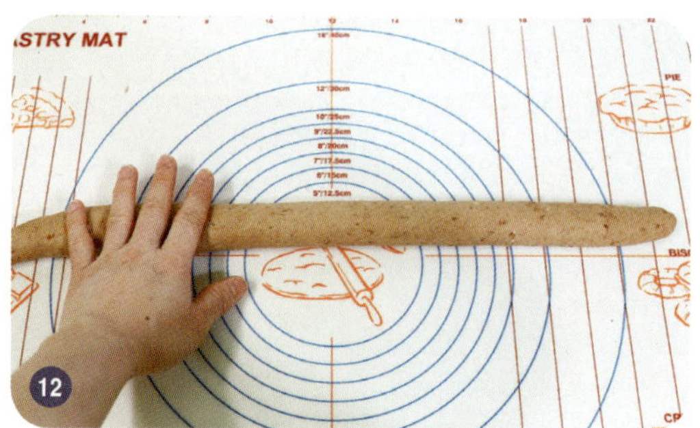

반죽이 터지지 않도록 이음매를 꼼꼼하게 잘 여밉니다.

반죽을 양손으로 적당한 힘을 가해 굴려 옆으로 약 40cm까지 늘립니다.

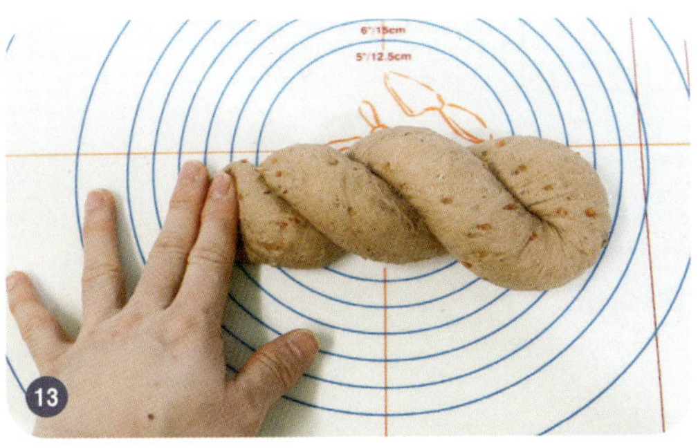

한 손은 고정하고 남은 한 손으로 반죽을 바닥에 굴려 꼬 아지게 한 후 양쪽 끝을 잡고 그대로 들면 자연스럽게 꼬 아진 꽈배기 모양이 완성됩니다. 반죽이 풀어지지 않도록 끝을 꼭꼭 꼬집어 붙입니다.

팬에 간격을 두고 반죽을 올립니다. 온도는 37~38℃, 습 도는 80% 정도에서 반죽이 2배 정도 부풀어 오를 때까지 약 40분~1시간가량 2차 발효합니다. 온도와 습도에 따라 발효 속도가 다소 차이날 수 있으니 반드시 시간과 관계없 이 반죽의 상태를 보고 꺼내도록 합니다.

발효가 다 된 반죽에 분무기로 물을 적당히 뿌려 적십니 다.

반죽 위에 볶은 콩가루를 분당체로 골고루 살살 뿌립니다.

미리 170℃로 충분히 예열된 오븐에 넣은 후 갈색이 진하 게 나도록 굽습니다. 껍질층이 약간 두껍게 생기도록 충분 히 굽습니다.

다 구워진 빵을 식힘망으로 옮겨 충분히 식힙니다. 빵이 쉽 게 노화되지 않도록 개별 포장해서 보관하고, 장기 보관 시 에는 냉동실에 보관합니다.

통단팥 녹차 소보로 브레드

녹차와 팥은 언제부터 친한 사이가 되었을까요? 시중에 판매하는 녹차를 이용한 제품에는 항상 팥이 함께 들어 있는 걸 볼 수 있습니다. 그만큼 녹차와 팥은 맛에서나 영양적인 면에서나 궁합이 잘 맞습니다. 팥은 밀가루와도 음식 궁합이 잘 맞아 밀가루에 들어 있는 당질을 팥의 비타민 B_1이 소화 분해되도록 도와 '앙꼬 없는 빵이란 있을 수 없다'라는 말도 있습니다.

분량

120g 8개

굽기

컨벡션 오븐 160℃
약 15~18분

일반오븐 170~180℃
약 20분

01 믹싱볼에 각각의 재료가 구분되도록 계량해 넣고, 물과 달걀은 함께 계량합니다. 이때 물 온도는 약 27℃로 미지근하게 준비해 믹싱볼에 넣은 후 저속으로 한 덩어리가 될 정도로 섞습니다.

02 말랑한 상태의 버터를 넣고 반죽 표면이 매끈한 상태가 될 때까지 중속으로 충분히 믹싱합니다.

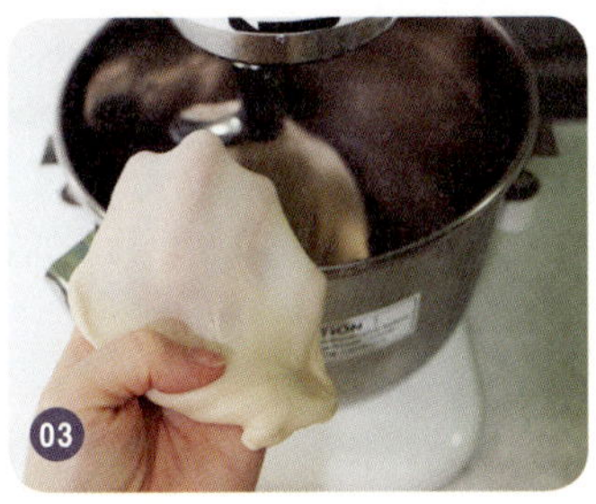

03 반죽 일부를 떼어 얇게 펼쳐 봤을 때 풍선껌 같은 형태의 부드러운 막이 형성되면 반죽이 다 된 상태입니다.

04 윗면이 매끈하도록 둥글리기한 후 발효볼에 담고, 위생비닐을 덮어 온도는 37~38℃, 습도는 80% 정도를 유지해 반죽이 2배 이상 되도록 약 1시간가량 1차 발효합니다. 발효는 온도와 습도에 따라 다소 시간 차이가 날 수 있습니다.

05 반죽을 발효볼에서 꺼내 작업대에 덧가루를 적당히 뿌리고 올립니다.

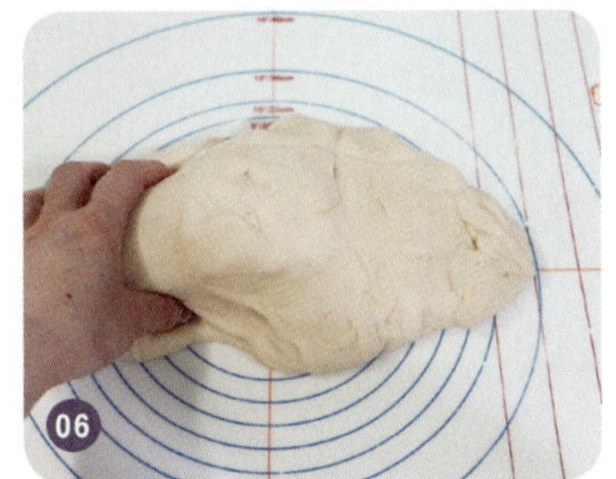

06 반죽을 적당한 힘으로 충분히 주물러 가스를 제거합니다. 이때 너무 세게 주무르지 않도록 주의합니다.

미리 준비하기

- 녹차 소보로를 미리 만들어 준비합니다 (p.31 부재료 만들기 참조).
- 반죽에 충전되기 좋도록 팥을 상온에 말랑한 상태로 준비합니다.
- 물을 약 27℃ 정도로 미지근하게 준비합니다.
- 버터를 상온에 말랑한 상태로 준비합니다.

재료

• 반죽

강력분	500g
물	230g
달걀	1개
버터	75g
소금	10g
설탕	50g
인스턴트 이스트	15g
탈지분유	15g

• 충전용

통팥 앙금	500~600g

(기호에 따라 호두를 넣어도 좋음)

• 녹차 소보로

박력분	350~400g
달걀	1개
버터	120g
소금	2g
설탕	150g
베이킹파우더	6g
땅콩버터	50g
녹차 분말	15~20g

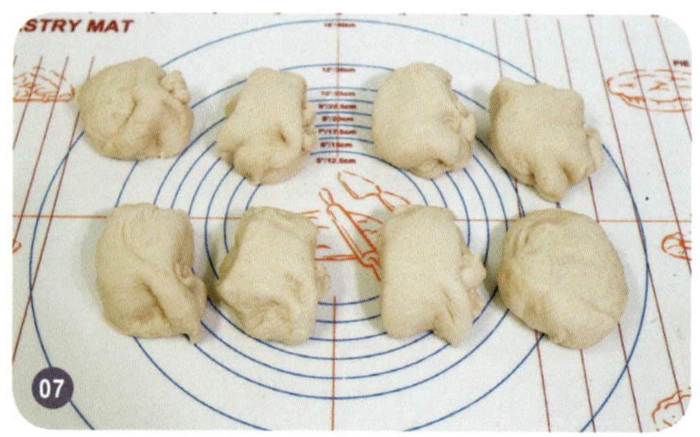

반죽을 120g씩 용량에 맞게 분할합니다. 분할할 때는 너무 조각조각 내지 않도록 주의하고, 분할로 인해 글루텐이 손상되었을 때는 중간 발효 시간을 조금 늘리도록 합니다.

120g 정도는 손이 작은 사람이 손바닥에 올려 둥글리기에는 많은 양이므로 바닥에 올려 양손으로 감싸 둥글리기를 합니다. 둥글리기가 다 된 반죽은 쉴 수 있도록 위생비닐을 덮어 약 10분가량 중간 발효합니다.

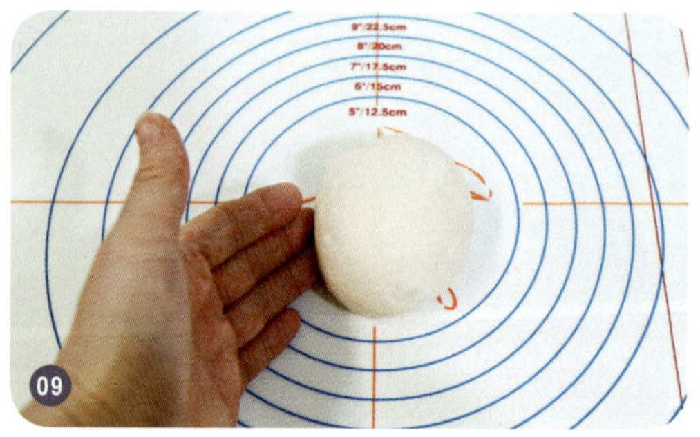

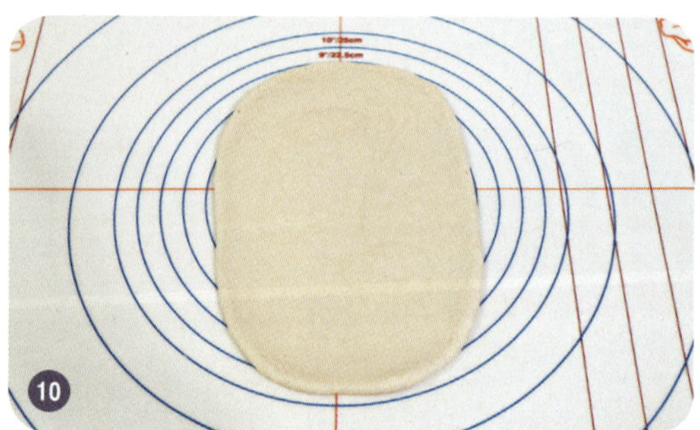

반죽을 다시 둥글리기해 가스를 살짝 빼고 윗면을 고르게 한 후 거친 면이 위로 올라오도록 합니다.

반죽을 가로는 16cm 정도, 세로 길이는 20cm 정도의 직사각형 모양으로 밀대로 밀어주고, 미리 말랑한 상태로 보관한 팥을 준비합니다.

팥을 약 100g 내외로 적당히 덜어 스크래퍼, 깔끔 주걱 등을 이용해 얇게 펴 바릅니다. 이때 기호에 따라 호두 분태 등을 조금 넣어도 좋습니다.

가운데가 통통한 고구마 모양이 되도록 양손으로 반죽을 포물선 모양으로 감싸준 후 공기가 들어가지 않도록 밀착해 말아줍니다.

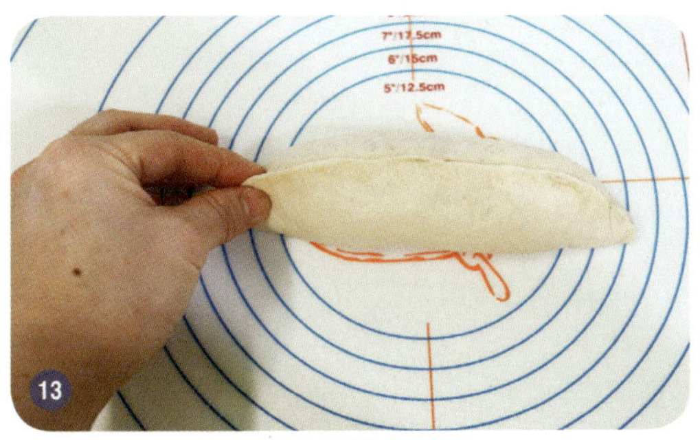

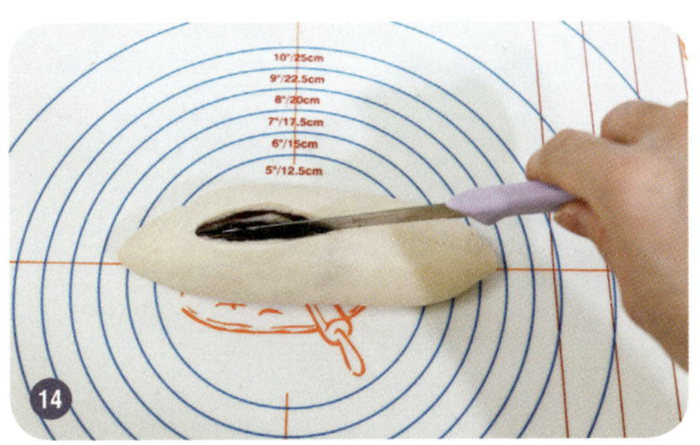

반죽이 터지지 않도록 꼼꼼하게 꼬집어 여민 후 매끈한 면이 위로 오도록 합니다.

양쪽 끝부분에 2.5~3cm가량 여유를 두고 가운데에 빵칼로 칼집을 넣습니다. 이때 말아진 반죽의 두 겹이 잘리도록 넣어주는 것이 가장 중요합니다.

팬에 간격을 두고 반죽을 올린 후 온도는 35~37℃, 습도는 80% 정도를 유지해 2차 발효합니다. 반죽이 약 2배 정도 커지고, 두께가 1cm 이상 부풀어 오르면 발효가 다 된 상태로 사진과 같이 윗면이 평평하게 갈라집니다. 윗면에 분무기로 물을 적당히 뿌리고, 오븐을 미리 온도에 맞게 예열합니다.

윗면에 미리 준비한 녹차 소보로를 수북이 얹습니다. 이때 소보로 무게에 반죽이 주저앉을 수 있으니 너무 많이 올리지 않도록 주의합니다.

반죽을 미리 예열된 오븐에 넣은 후 갈색이 충분히 나도록 굽습니다. 빵 표면의 색만 보면 자칫 소보로가 덜 익을 수 있으니 색이 조금 진하게 난다 싶을 때 온도를 살짝 내려서 소보로도 충분히 익을 수 있도록 합니다.

다 구워지면 팬에서 바로 식힘망으로 옮겨 완전히 식힙니다. 개별 포장해서 상온에 두고, 날씨가 더우면 팥이 쉽게 상할 수 있으니 장기 보관할 때는 반드시 냉동 보관합니다.

고구마 크림치즈 롤

고구마는 흔히 집에서 간단하게 찌거나 구워 먹지만, 요즘은 피자나 빵, 케이크 등 각양각색의 예쁘고 먹음직스러운 음식으로 달콤하고 맛있게 즐길 수 있습니다. 특히 고구마의 천연 단맛을 활용한 디저트나 건강빵은 까다로운 현대인의 입맛에 맞게 잘 만들어져 맛이나 모양 면에서도 단연 최고입니다. 고구마와 부드러움을 한층 더 살려줄 크림치즈를 듬뿍 넣어 더 고급스럽고 맛있는 홈메이드 고구마 크림치즈 롤입니다.

🍞 **분량**

200g 6개

📟 **굽기**

컨벡션 오븐 160℃
약 15분

일반오븐 170~180℃
약 20분

01

믹싱볼에 각각의 재료를 구분되도록 계량해 넣고, 물과 달걀은 함께 계량해 넣은 후 한 덩어리가 될 정도로 저속으로 섞습니다.

02

말랑한 상태의 버터를 넣고 반죽이 매끈한 상태가 될 때까지 중속으로 충분히 믹싱합니다.

03

반죽 일부를 떼어 얇게 펴봤을 때 풍선껌 같은 형태의 부드러운 막이 형성되면 반죽이 다 된 상태입니다.

04

윗면이 매끈하도록 둥글리기한 후 발효볼에 담고, 위생비닐을 덮어 온도는 37~38℃, 습도는 80% 정도를 유지해 1시간가량 1차 발효합니다. 발효는 온도와 습도에 따라 다소 시간 차이가 날 수 있습니다.

05

1차 발효가 다 되면 반죽은 약 2배 이상 부풀어 오릅니다. 발효볼에서 반죽을 꺼낸 후 작업대에 덧가루를 적당히 뿌리고 올립니다.

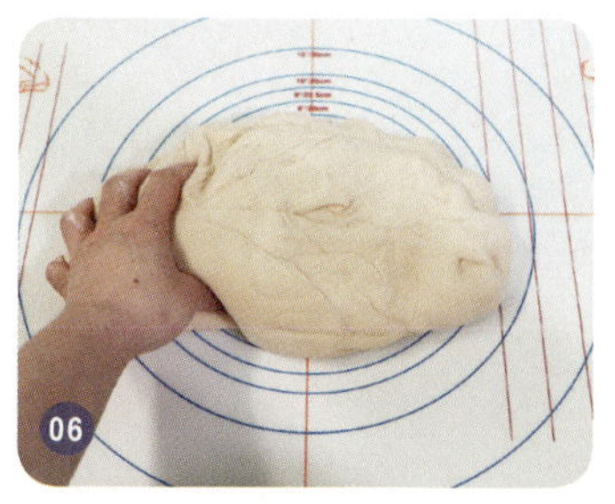

06

반죽을 적당한 힘으로 충분히 주물러 가스를 제거한 후 200g씩 분할합니다. 이때 반죽을 너무 조각조각 내지 않도록 주의합니다.

🍳 미리 준비하기

- 고구마 크림을 미리 만들어 준비합니다 (p.39 부재료 만들기 참조).
- 버터를 상온에 말랑한 상태로 준비합니다.

🥄 재료

· 반죽

강력분	600g
물	300g
달걀	1개
버터	80g
소금	12g
설탕	80g
인스턴트 이스트	20g
탈지분유	18g

· 고구마 크림

고구마 중간 크기	2~3개
크림치즈	250g
꿀	50g
설탕	50g

분할된 반죽을 윗면이 매끈해지도록 둥글리기를 합니다.

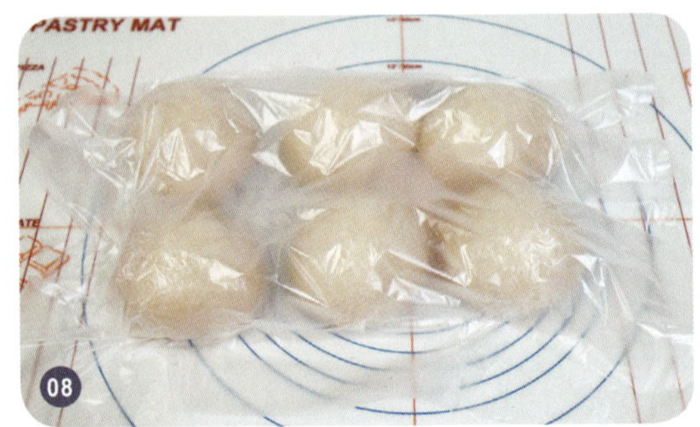

반죽이 쉴 수 있도록 위생비닐을 덮어 약 10분가량 중간 발효한 후 다시 둥글리기해 가스를 살짝 빼고 윗면을 고르게 합니다.

거친 면이 위로 올라온 상태에서 반죽을 직사각형 모양으로 밀어준 후 준비한 고구마 크림을 깔끔 주걱 등을 이용해 적당한 두께로 골고루 펴 바릅니다. 이때 반죽이 찢어지지 않도록 주의합니다.

공기가 들어가지 않도록 반죽을 윗면에서부터 돌돌 말아준 후 터지지 않도록 끝을 꼬집어 여밉니다.

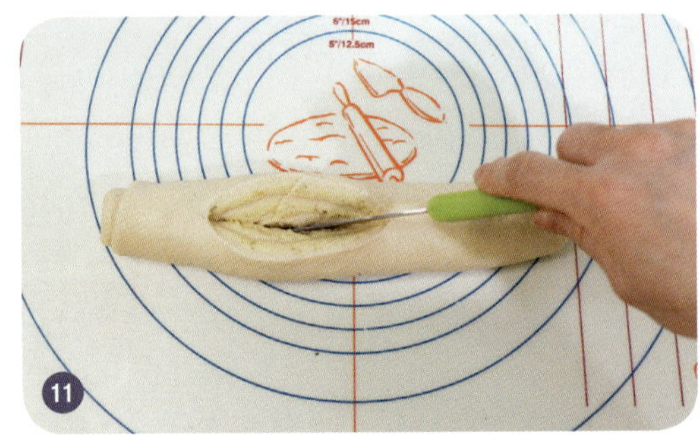

반죽의 이음매가 밑으로 가도록 한 후 가운데를 빵칼로 칼집을 넣습니다. 이때 바닥까지 다 잘리도록 꼼꼼히 자릅니다.

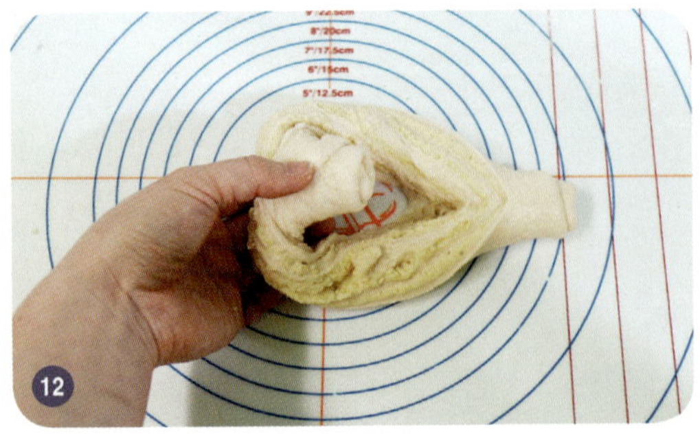

잘린 가운데 구멍으로 반죽 끝을 잡고 두 바퀴 돌려 집어 넣습니다.

13

가운데가 꼬아진 형태의 모양이 완성되면 팬에 적당히 간격을 두고 올린 후 1차 발효 때와 동일하게 온도는 37~38℃, 습도는 80% 정도를 유지해 2차 발효합니다.

14

반죽이 약 2배 이상 부풀어 오르고, 반죽 사이의 간격이 2배 이상 좁혀지면 발효가 다 된 상태입니다. 발효가 2/3 이상 진행되면 오븐을 160℃로 미리 예열하고, 발효가 다 되면 예열된 오븐에 넣어 갈색이 충분히 날 때까지 약 15분가량 굽습니다.

15

서서히 갈색이 나기 시작하면 색상이 골고루 날 수 있도록 오븐을 열어 팬을 한 바퀴 돌립니다.

16

다 구워지면 식힘망에 바로 옮겨 식힙니다. 다 식은 후에는 수분이 날아가지 않도록 개별 포장해서 보관하고, 장기 보관 시에는 냉동 보관하도록 합니다.

블랙올리브 치아바타

올리브는 지중해 연안에서 주로 생산하고, 생산량의 90%가 오일로 만들어
집니다. 블랙올리브는 그리스에서 생산하는 과일로, 향이 풍부한 칼라마타
가 가장 많고, 일반적으로 물에 담가 두었다가 소금에 절여 병조림 형태로
판매합니다. 블랙올리브와 검은깨를 사용해 만드는 '납작한 슬리퍼'라는 뜻
을 가진 치아바타 레시피입니다.

분량

가정용 빵팬
(40cm×35cm) 2개

굽기

컨벡션 오븐 170℃
약 20분

일반오븐 180℃
약 25~30분

01

중종 반죽을 만듭니다. 볼에 밀가루, 이스트, 그리고 소금을 넣은 후 분량의 물을 넣습니다.

02

거품기로 덩어리가 지지 않도록 골고루 섞습니다. 이때 반죽은 질척한 상태입니다.

03

거품기로 섞은 후 덩어리가 풀리면 주걱으로 반죽을 매끈하게 섞습니다.

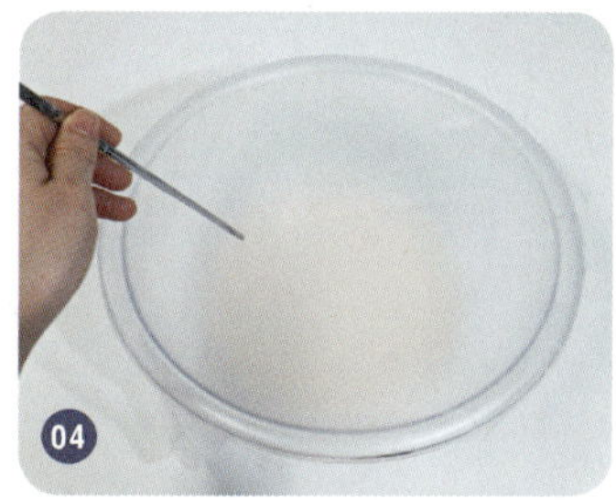

04

랩을 씌운 후 이스트가 잘 발효될 수 있도록 젓가락으로 공기구멍을 내고, 상온에 그대로 둔 채 18~24시간 동안 발효합니다.

05

발효가 다 되면 막걸리가 익는 듯한 시큼한 냄새가 나고, 뽀글뽀글 기포가 올라오면서 이스트가 상당히 많이 증식한 상태의 반죽이 완성됩니다.

06

중종 반죽의 발효가 다 되면 믹싱볼에 본 반죽의 재료를 계량해 준비하고, 물을 계량해 넣습니다.

미리 준비하기

- 블랙올리브는 물기를 제거한 후 푸드프로세서에 2/3만 갈고, 나머지는 반만 잘라 준비합니다.
- 중종 반죽은 빵을 만들기 하루 전날 미리 만들어 상온에서 18~24시간가량 발효합니다.

재료

• 중종 반죽

강력분	200g
물	220g
소금	4g
인스턴트 이스트	6g

• 본 반죽

강력분	400g
물	240g
소금	6g
올리브 오일	30g
볶은 검은깨	40g
블랙올리브	300g

07 반죽이 한 덩어리로 적당하게 뭉쳐질 때까지 저속으로 섞습니다.

08 뭉쳐진 반죽에 발효된 중종 반죽을 넣습니다.

09 반죽을 저속으로 잘 섞은 후 매끈한 상태가 되도록 중속으로 섞습니다.

10 푸드프로세서로 대충 갈아놓은 블랙올리브를 반죽에 넣고 섞습니다.

11 반죽을 믹싱볼에서 꺼내 대충 뭉치고, 빵팬에 덧가루를 넉넉하게 뿌려 골고루 바릅니다.

12 반죽의 모양과 두께를 균일하게 잡아 넓게 팬에 올리고, 온도는 36~38℃, 습도는 80% 정도에서 반죽 두께가 2배 이상 부풀어 오를 때까지 넉넉하게 1차 발효합니다.

사진과 같이 1차 발효가 다 되면 작업대 위에 가스가 꺼지지 않도록 잘 옮깁니다(1차 발효 때 가스를 제거하지 않습니다).

작업대에 덧가루를 넉넉히 뿌린 후 스크래퍼를 이용해 반죽을 적당한 크기로 대충 자릅니다.

팬에 덧가루를 넉넉히 올린 후 간격을 두고 반죽을 올립니다.

남은 올리브를 반으로 잘라 반죽 위에 살짝 눌리며 올립니다. 온도는 36~38℃, 습도는 80% 정도를 유지해 2배가량 부풀어 오를 때까지 1시간 이상 2차 발효합니다.

발효가 되는 동안 오븐을 온도에 맞게 미리 예열하고, 발효가 다 되면 오븐에 넣어 굽습니다. 치아바타는 색이 진하게 나지 않으니 너무 오래 굽지 않도록 주의합니다.

다 구워진 치아바타를 식힘망에 올려 식힙니다. 식은 후에는 슬라이스해 드레싱에 찍어 먹거나 샌드위치 빵으로 활용합니다.

브로콜리 베이컨 브레드

브로콜리는 생으로 먹거나 간편하게 데쳐 먹어도 좋지만, 요즘은 집에서 베이킹을 즐기는 사람들이 많아지면서 빵을 만들 때 넣는 부재료로 많이 사용합니다. 갓 구워진 빵 향기와 브로콜리 특유의 색상과 향기가 묘하게 조화를 이루면서 좀 더 특별한 맛의 빵을 만들 수 있습니다. 영양 가득한 채소와 아침 식단의 단골 재료인 치즈와 베이컨 등을 넣어 만드는 브로콜리 베이컨 브레드 레시피입니다.

분량

은박 소 베이킹틀 80g
12개

굽기

컨벡션 오븐 160℃
약 15~20분

일반 오븐 170~180℃
약 20분

01

믹싱볼에 각각의 재료를 구분되도록 계량해 넣고, 물과 달걀을 함께 계량해 넣은 후 저속으로 돌려 한 덩어리가 될 정도로만 반죽합니다.

02

말랑한 상태의 버터를 넣고 반죽이 매끈해질 때까지 중속으로 충분히 믹싱합니다.

03

반죽 일부를 떼어 얇게 펴 봤을 때 풍선껌 같은 형태의 막이 형성되면 반죽이 다 된 상태입니다. 반죽을 믹싱볼에서 꺼내 표면을 매끈한 상태로 둥글리기를 합니다.

04

반죽을 발효볼에 담아 위생비닐을 덮은 후 온도는 37~38℃, 습도는 80% 정도에서 2배 이상 부풀어 오를 때까지 약 1시간가량 1차 발효합니다.

05

1차 발효가 되는 동안 채소를 준비합니다. 양파는 껍질을 벗겨 피망과 함께 씻은 후 잘게 다져 준비합니다. 옥수수를 채반에 받쳐 물기를 제거한 후 채소와 함께 섞습니다.

06

브로콜리를 흐르는 물에 잘 씻은 후 빵에 얹기 좋게 작은 모양으로 잘라 준비합니다.

🍳 미리 준비하기

- 채소는 껍질을 벗겨 씻은 후 채를 썰어 준비합니다.
- 옥수수는 물기를 빼고 채 썬 채소와 섞어 준비합니다.
- 버터를 상온에 말랑한 상태로 준비합니다.

🥄 재료

• 반죽

강력분	500g
물	230g
달걀	1개
버터	50g
소금	10g
설탕	50g
인스턴트 이스트	18g
탈지분유	20g

• 충전용

양파	1/2개
피망	1/2개
옥수수 작은 캔	1개
슬라이스 치즈	6장
베이컨	160~200g
브로콜리	1송이
시판용 토마토소스	1병

• 토핑용

마요네즈와 머스터드소스 적당히	

반죽을 발효볼에서 꺼내 작업대에 약간의 덧가루를 뿌리고 올립니다.

반죽을 주물러 가스를 제거한 후 80g씩 분할합니다. 분할된 반죽을 손바닥에 올려 한 손으로 감싸 쥐고 원을 그리면서 윗면이 매끈해지도록 둥글리기를 합니다.

반죽이 잠시 쉴 수 있도록 위생비닐을 덮어 약 10분가량 중간 발효합니다.

처음 둥글리기한 순서대로 반죽을 다시 둥글리기해 가스를 살짝 제거한 후 거친 면이 밑으로 간 상태에서 타원형 모양으로 밀대로 밀어줍니다. 이때 너무 크게 밀어 반죽이 틀 위로 올라오지 않도록 주의합니다.

반죽을 틀에 하나씩 채워 팬에 올린 후 온도는 35~37℃, 습도는 80% 정도에서 바닥이 볼록하게 올라올 때까지 약 40분 정도 2차 발효합니다. 이때 반죽 위에 토핑하는 시간이 있으므로 발효가 살짝 덜 된 상태에서 꺼내도록 합니다.

소스를 다진 채소와 함께 섞습니다. 채소에서 물이 나올 수 있으니 소스를 미리 섞지 않고 발효가 다 된 상태에서 섞도록 합니다.

주변에 소스가 묻지 않도록 양손으로 조리용 스푼 2개를 사용해 반죽 위에 토핑을 적당히 얹어 잘 펴줍니다. 토핑하는 시간을 이용해 오븐을 온도에 맞게 예열합니다.

채소가 잘 얹어진 반죽 위에 슬라이스 치즈를 반으로 잘라 얹습니다.

베이컨은 너무 많이 얹으면 짤 수 있으니 통째로 얹지 않고 주방 가위를 이용해 2~3cm 길이로 잘라 5개 정도를 얹습니다. 브로콜리는 4~5개 정도 충분히 올립니다.

마요네즈와 머스터드를 짤주머니에 넣어 준비한 후 끝을 조금만 잘라 윗면에 지그재그로 뿌립니다.

미리 예열된 오븐에 넣어 적당히 먹음직스럽게 갈색이 나도록 굽습니다. 빵이 적당히 갈색이 나더라도 소스에 물기가 있어서 자칫 바닥이 익지 않는 경우가 있으니 오븐 온도를 너무 높지 않게 설정해 충분히 굽습니다.

다 구워진 빵을 틀째로 식힘망에 올려 충분히 식힙니다. 조리 과정이 들어간 대부분의 조리빵은 수분이 많으니 당일 먹는 것이 좋고, 장기 보관할 때는 한 개씩 은박 호일에 싸 냉동 보관합니다.

흑미 블루베리 쵸프

검은색의 작은 진주라 불리는 흑미는 생쌀 상태에서는 검은색을 진하게 띠지만, 익히고 나면 주변 재료까지 그윽한 인디고 빛깔로 물들여 시각적으로 상당히 식욕을 자극합니다. 대표적인 블랙 푸드인 흑미와 함께 눈 건강에 좋은 블루베리를 가득 넣고, 독특한 독일식 헤페쵸프의 모양을 본떠 곱게 땋아 만드는 흑미 블루베리 쵸프 레시피입니다. 가족 중에 위가 약해 밀가루가 부담되는 분이 있다면 비교적 소화 부담이 적고 영양소가 풍부한 흑미로 색다른 빵을 만들어 선사해보세요.

분량
450g 2개

굽기

컨벡션 오븐 170℃
약 15~20분

일반오븐 180℃
약 25~30분

믹싱볼에 흑미와 강력분, 그 밖의 재료를 구분되도록 계량해 넣은 후 준비한 미지근한 상태의 블루베리즙을 넣습니다.

믹싱기를 저속으로 돌려 반죽을 한 덩어리로 뭉쳐지도록 한 후 말랑한 상태의 버터를 넣고 반죽 표면이 매끈한 상태가 되도록 중속으로 충분히 믹싱합니다.

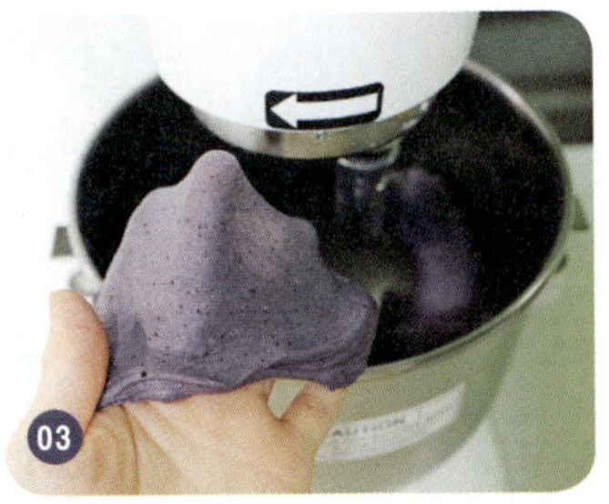

반죽 일부를 떼어 얇게 펴봤을 때 풍선껌 형태의 부드러운 막이 형성되면 반죽이 다 된 상태입니다.

믹싱볼에서 꺼내 반죽 표면을 매끈하게 둥글리기한 후 발효볼에 담고, 위생비닐을 덮어 온도는 36~37℃, 습도는 80% 정도에서 1시간가량 1차 발효합니다. 일반적으로 강력분이 들어가지 않는 순수 쌀빵은 1차 발효하지 않고 그대로 성형을 하지만, 강력분이 약간 들어간 제품은 1차 발효를 거치도록 합니다.

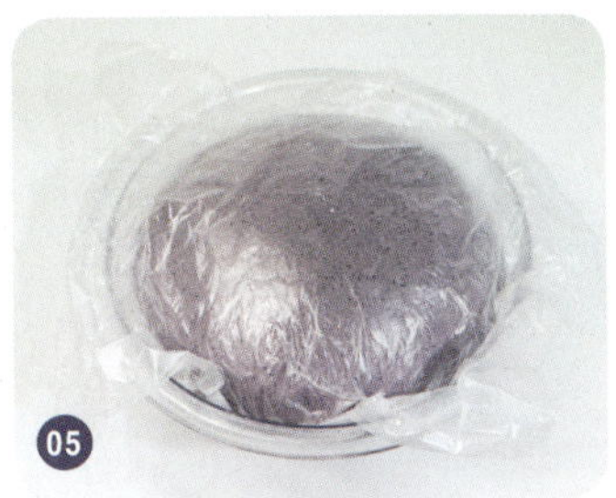

반죽이 2배 이상 커지고, 반죽 표면을 들었을 때 거미줄 같은 형태의 막이 형성되면 발효가 다 된 상태입니다. 작업대에 덧가루를 적당히 뿌리고 반죽을 올립니다.

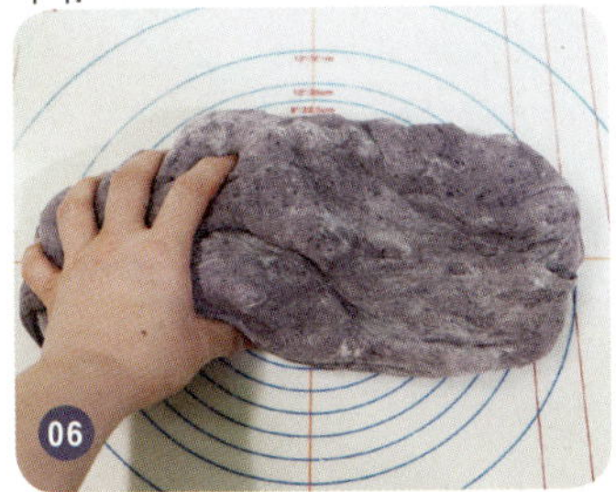

반죽을 적당한 힘으로 주물러 가스를 제거합니다.

🧑‍🍳 미리 준비하기

- 반죽에 넣을 냉동 블루베리는 따뜻한 물을 부어 미리 냉기를 뺀 후 믹서에 갈아 준비합니다.
- 건조 블루베리를 럼주에 살짝 버무리고 미지근한 물에 20분가량 담가 불린 후 물기를 빼 준비합니다.
- 버터를 상온에 말랑한 상태로 준비합니다.

🥄 재료

- 반죽

흑미 제빵용 쌀가루	300g
강력분	150g
따뜻한 물	120g(되기 조절)
버터	45g
소금	9g
설탕	15g
인스턴트 이스트	15g
탈지분유	18g
냉동 블루베리	180g

- 충전용

건조 블루베리	200g 내외
럼주	약간

반죽을 150g씩 분할한 후 윗면이 매끈하게 되도록 양손으로 감싸 쥐고 둥글리기를 합니다.

반죽이 잠시 쉴 수 있도록 위생비닐을 덮어 약 10분가량 중간 발효합니다.

반죽을 다시 살짝 둥글리기하고, 거친 면이 위로 올라오도록 한 후 가로는 20cm 정도, 세로 길이는 13cm 내외의 옆으로 긴 형태의 직사각형 모양으로 밀대로 밀어줍니다. 미리 불려 물기를 제거한 건조 블루베리를 반죽 위에 적당히 골고루 올립니다.

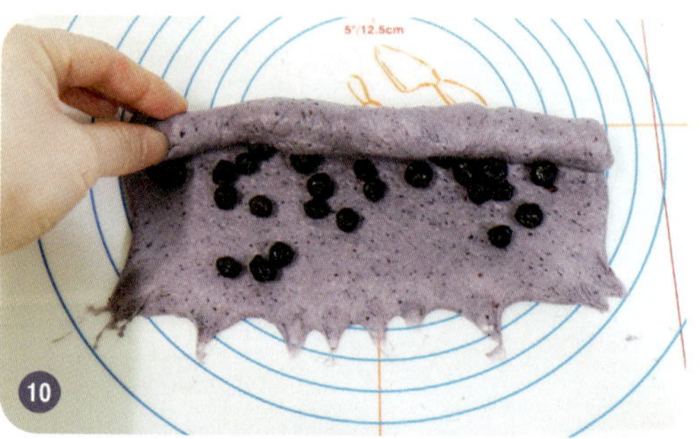

하단의 반죽이 말리지 않도록 손가락으로 눌러 붙인 후 위에서부터 블루베리가 밖으로 나오지 않도록 잘 넣어주면서 공기가 들어가지 않도록 밀착되게 말아줍니다.

성형을 완료한 3개의 반죽을 양손을 이용해 앞뒤로 살살 밀면서 길이를 맞춥니다.

사진과 같이 반죽 2개를 엑스(X)자 형태로 놓고, 나머지 하나는 그 위에 얹습니다.

3개의 반죽 가닥을 머리 땋는 형태로 땋습니다. 가운데를 중심으로 아래쪽을 먼저 땋은 후 윗부분도 같은 형태로 엇갈리지 않도록 땋습니다(땋는 과정이 약간 헷갈릴 수 있습니다).

앞뒤가 풀어지지 않도록 꼭꼭 꼬집어 붙인 후 팬에 간격을 충분히 띄우고 올립니다.

온도는 36~37℃, 습도는 80% 정도로 맞춰 반죽이 약 2배가 되도록 2차 발효합니다. 반죽의 간격이 2배 이상 가까워지면 발효가 거의 다 된 상태입니다.

발효가 2/3 이상 진행이 되면 오븐을 온도에 맞게 미리 예열하고, 발효가 다 되면 예열된 오븐에 넣어 갈색이 충분히 나도록 굽습니다.

제품을 구울 때 윗면에 물을 충분히 뿌려 구우면 빵 껍질을 살짝 단단하게 구울 수 있습니다. 부드러운 질감을 원할 때는 다 굽고 난 후 표면에 녹인 버터를 살짝 바르면 껍질까지 부드럽게 먹을 수 있습니다.

다 구워진 빵을 식힘망에 올려 충분히 식힙니다. 쌀 함량이 많은 빵은 상온에 오래 두면 떡처럼 단단하게 굳는 노화 현상이 빨리 생기니 바로 먹지 않을 때는 냉동 보관하는 것이 좋습니다.

참치 샐러드 브레드

참치는 캔으로 가공되어 출시되면서 지금까지 아이들의 도시락 반찬과 간식, 간편한 식재료로 많은 사랑을 받아왔습니다. 성장기 두뇌발달과 노화 방지에도 좋다고 알려져 참치를 이용한 다양한 메뉴들이 개발됐으며, 우리 식탁을 좀 더 간편하고 풍요롭게 만드는 데 한몫을 했습니다. 부드럽게 맛볼 수 있는 빵 반죽을 이용해 아침 식사대용으로 만들어보는 간편하고 고급스러운 참치 샐러드 브레드입니다.

분량

은박 소 베이킹틀 80g
12개

굽기

컨벡션 오븐 160℃
약 15분

일반오븐 170~180℃
약 20분

01

믹싱볼에 각각의 재료를 구분되도록 계량해 넣고, 물과 달걀을 함께 계량해 넣은 후 저속으로 돌려 한 덩어리가 될 정도로만 반죽합니다.

02

말랑한 상태의 버터를 넣고 반죽이 매끈해질 때까지 중속으로 믹싱합니다.

03

반죽 일부를 떼어 얇게 펴봤을 때 풍선껌 같은 형태의 막이 형성되면 반죽이 다 된 상태입니다.

04

표면을 매끈하게 둥글리기한 후 발효볼에 넣고, 위생비닐을 덮어 온도는 37~38℃, 습도는 80% 정도에서 약 1시간가량 1차 발효합니다. 1차 발효가 되는 동안 반죽에 올릴 참치 샐러드를 만듭니다.

05

반죽이 2배 이상 부풀어 오르고, 반죽을 들었을 때 거미줄 같은 조직이 형성되면 발효가 다 된 상태입니다.

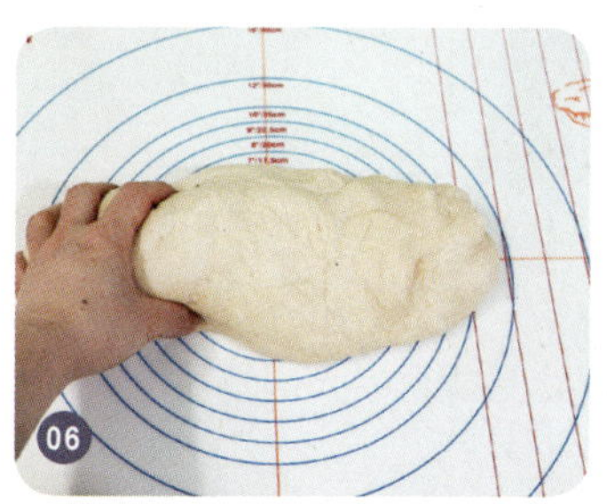

06

작업대에 덧가루를 약간 뿌리고 반죽을 올린 후 적당히 주물러 가스를 제거합니다.

미리 준비하기

- 참치 샐러드를 미리 만들어 준비합니다 (p.43 부재료 만들기 참조).
- 반죽에 넣을 버터는 미리 말랑한 상태로 준비합니다.

재료

• 반죽

강력분	480g
물	220g
달걀	1개
버터	48g
소금	10g
설탕	58g
인스턴트 이스트	16g
탈지분유	20g

• 충천용 참치 샐러드

참치 캔	2개
양파	1/2개
피망	1개
당근	1/4토막
햄	50g
옥수수 작은 캔	1개
시판용 토마토소스 작은 병	1개

• 토핑용

케첩	100g 내외
마요네즈(머스터드소스 사용 가능)	100g 내외

반죽을 80g씩 분할합니다. 분할 시에는 반죽을 너무 조각 조각 내지 않도록 주의합니다.

반죽을 둥글리기한 후 쉴 수 있도록 위생비닐을 덮어 약 10분가량 중간 발효합니다.

반죽을 처음 둥글리기한 순서대로 다시 둥글리기하고, 거친 면이 밑으로 가도록 한 후 두께가 약 5mm 정도의 직사각형 모양으로 밀어줍니다. 이때 너무 크게 밀어 틀보다 반죽이 위로 올라오지 않도록 주의합니다.

반죽을 미리 준비한 틀에 넣은 후 바닥에 공기층이 생기지 않도록 잘 밀착시킵니다.

팬에 틀을 6개씩 올리고, 1차 발효 때와 동일한 조건으로 온도는 37~38℃, 습도는 80% 정도를 유지해 반죽이 틀 면적에 다 찰 때까지 2차 발효합니다.

준비한 참치 샐러드에 시판용 토마토소스를 넣고 잘 섞습니다. 이때 물기가 너무 많지 않도록 섞으면서 되기를 조절합니다.

발효가 다 되면 오븐을 온도에 맞게 예열하고, 준비한 참치 샐러드를 반죽이 옴폭 들어간 부분에 넉넉히 올립니다. 이 때 샐러드가 주변에 떨어지지 않도록 양손으로 스푼 2개를 사용해 깔끔하게 넣도록 합니다.

짤주머니에 케첩과 마요네즈를 적당히 넣은 후 끝을 작게 잘라 윗면에 지그재그로 골고루 뿌립니다.

마요네즈와 케첩을 적당히 뿌린 후 취향에 따라 피자 치즈 등을 얹어도 좋습니다.

미리 예열된 오븐에 넣어 갈색이 먹음직스럽게 날 정도로 약 15분가량 굽습니다. 중간에 10분쯤 구워 적당히 갈색이 나면 색이 골고루 나도록 오븐 문을 열고 팬을 한 바퀴 돌립니다.

다 구워진 빵을 은박틀 그대로 식힘망에 옮겨 완전히 식힙니다. 채소가 들어간 제품이므로 당일 먹는 것이 좋고, 장기 보관할 시에는 은박 호일로 싼 후 냉동 보관합니다.

밥새우 소프트 바게트

밥새우는 젓갈을 담는 보통 새우보다 작은 크기로 밥에 비벼 먹거나 주먹밥이나 아이 이유식을 만들 때도 많이 사용하는 식재료입니다. 맛 좋은 밥새우를 활용해 집에서 부드럽게 구워보는 밥새우 소프트 바게트 레시피입니다. 굽는 내내 빵에서 나는 새우 향기가 어쩜 그리 좋은지 오븐에서 나온 순간 군침이 꿀꺽하고 넘어갑니다.

분량

200g 3개

굽기

컨벡션 오븐 220℃ 약 10분,
140℃ 약 10~15분

일반오븐 250℃ 약 15분,
160℃ 약 10~15분

01

믹싱볼에 강력분, 박력분과 함께 재료를 계량해 넣고, 밥새우는 이스트에 닿지 않도록 넣습니다. 물을 계량해 넣은 후 믹싱기를 저속으로 천천히 돌려 반죽이 한 덩어리가 되도록 섞습니다.

02

약간의 버터를 넣고 반죽 표면이 매끈해지도록 충분히 믹싱합니다.

※ 일반 바게트에는 버터가 들어가지 않습니다.

03

반죽 일부를 떼어 얇게 천천히 펴 봤을 때 풍선껌 같은 형태의 막이 생기면 반죽이 다 된 상태입니다.

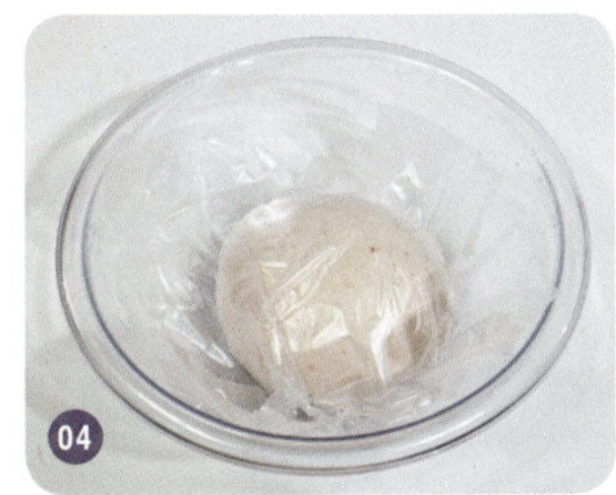

04

믹싱볼에서 꺼내 윗면이 매끈하게 둥글리기한 후 발효볼에 넣고, 위생비닐을 덮어 온도는 37~38℃, 습도는 80% 정도를 유지해 반죽이 2배 이상 되도록 약 1시간가량 1차 발효합니다. 발효는 온도와 습도에 따라 다소 시간 차이가 날 수 있습니다.

05

반죽을 발효볼에서 꺼내 작업대에 덧가루를 적당히 뿌리고 올립니다. 바게트 반죽에는 버터가 들어가지 않거나 적은 양이 들어가므로 작업대에 잘 들러붙을 수 있습니다.

06

반죽을 적당한 힘으로 주물러 가스를 제거한 후 200g씩 분할합니다. 분할할 때는 너무 조각조각 내지 않도록 주의하고, 분할로 인해 글루텐이 손상되었을 때는 중간 발효 시간을 조금 늘리도록 합니다.

🍳 미리 준비하기

- 냉동 상태의 밥새우를 너무 차갑지 않게 상온에 준비합니다.
- 바게트를 구워줄 자갈을 최소 1시간 전에 온도를 250℃ 정도로 올려 오븐에 달굽니다.
- 버터를 상온에 말랑한 상태로 준비합니다.

🥄 재료

- **반죽**

강력분	250g
박력분	100g
물	230~250g
버터	25g
소금	8g
설탕	16g
인스턴트 이스트	11g
밥새우	6~8g

- **토핑용**

옥수수가루	적당히

반죽을 둥글리기한 후 위생비닐을 덮어 약 10분 정도 중간 발효합니다. 분할 양이 큰 반죽은 양손으로 감싸 작업대에 밀착시킨 후 윗면이 매끈하도록 원형을 그리면서 둥글리기를 합니다.

반죽을 다시 둥글리기해 가스를 살짝 제거하고, 앞뒤로 덧가루를 적당히 묻힌 후 가로는 30cm 정도, 세로 길이는 15cm 내외의 옆으로 긴 타원형으로 밀대로 밀어줍니다. 이 때 글루텐이 손상되지 않도록 밀대 질을 가볍게 해줍니다.

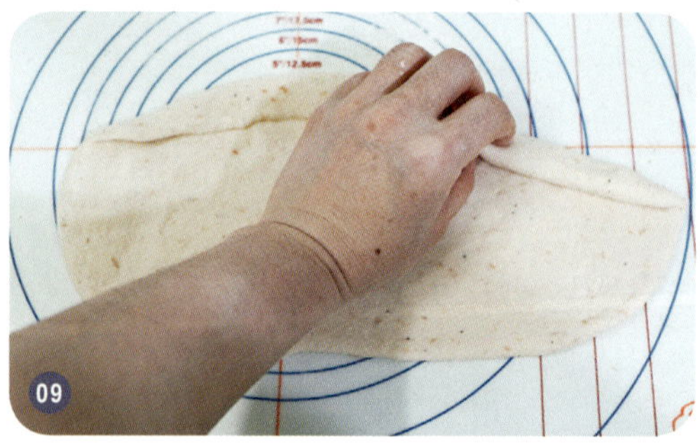

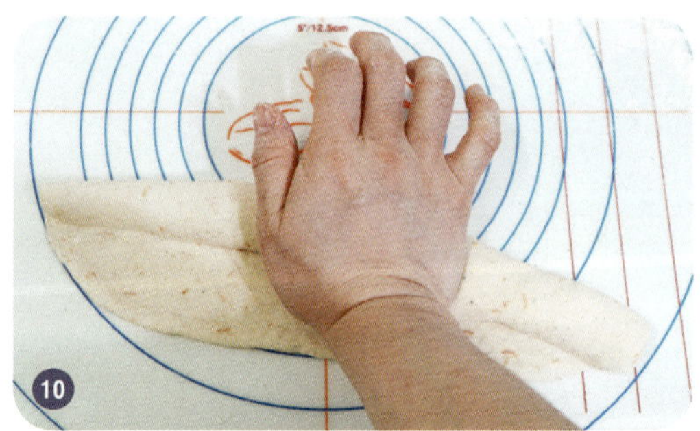

반죽이 다 밀어지면 왼손으로 오른쪽 위부터 밀착하며 말아줍니다.

말아진 부분은 손바닥의 끝부분으로 꾹꾹 눌러 반죽이 탄력 있게 말아지도록 합니다.

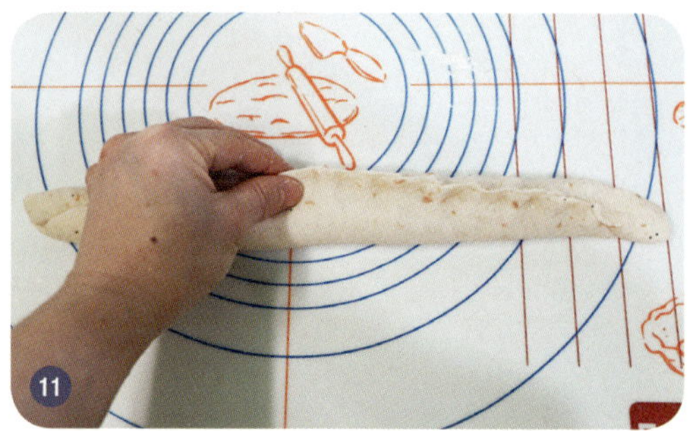

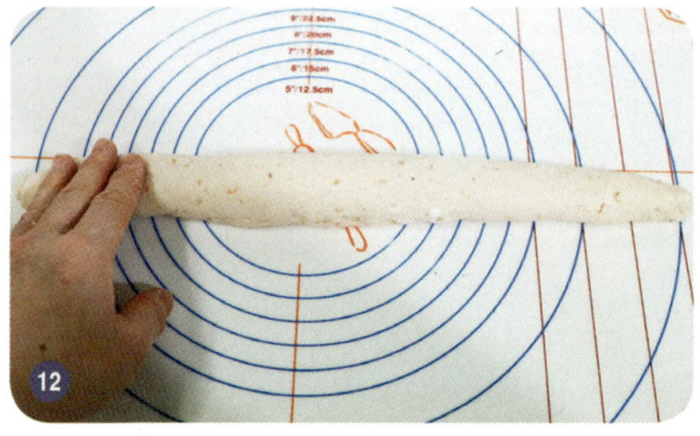

이음매 부분이 터지지 않도록 꼬집어 잘 여밉니다.

이음매 부분이 밑으로 가도록 한 후 양손으로 부드럽게 앞뒤로 굴리면서 모양과 길이를 잡습니다. 반죽의 밑 부분이 바게트틀에 들러붙지 않도록 덧가루를 살짝 묻힙니다.

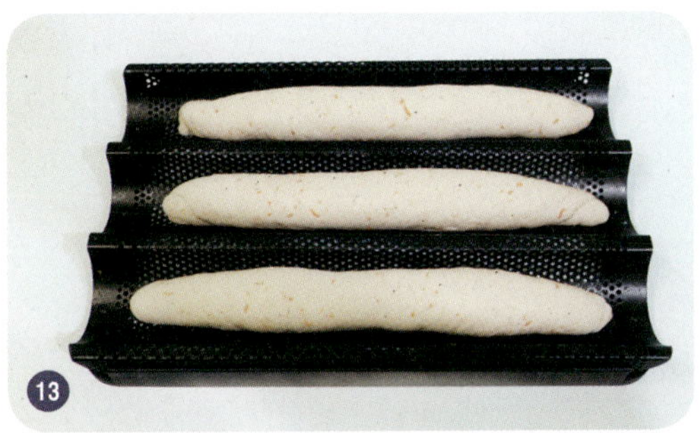

밀어진 반죽을 바게트틀에 올린 후 온도는 37℃, 습도는 80% 정도를 유지해 두께가 2배 이상 되고 틀에 꽉 찰 때까지 2차 발효합니다. 발효가 2/3 이상 진행되면 오븐을 220℃ 정도로 예열합니다.

냄비에 물을 적당히 넣고 팔팔 끓입니다. 물이 끓는 동안 반죽 위에 분무기로 물을 충분히 뿌리고, 옥수수가루를 분당체에 넣어 적당히 솔솔 뿌립니다.

바게트칼이나 잘 드는 빵칼을 이용해 반죽에 거의 일직선에 가까운 사선으로 칼집을 2~3개 정도 조심히 넣습니다. 이때 반죽의 발효가 꺼지지 않도록 주의합니다.

미리 달궈 준비한 자갈팬과 반죽틀을 예열된 오븐에 넣습니다. 팔팔 끓은 물을 자갈 위에 재빨리 부은 후 신속하게 오븐 문을 닫습니다.

스팀이 충분히 올라오면서 고온에 반죽이 익기 시작하면 갈색이 나기 시작합니다. 갈색이 보기 좋게 나기 시작하면 오븐 온도를 다시 140℃ 정도로 낮춰 속까지 잘 굽습니다. 소프트 바게트이므로 너무 오래 굽지 않아도 무방합니다.

다 구워지면 틀을 바닥에 한 번 세게 탁 치고, 틀에서 빵을 빼낸 후 식힘망에 올려 식힙니다. 바게트틀에는 구멍이 있어 잘 안 떨어질 수 있으니 미리 버터 칠을 해도 좋습니다. 비교적 수분이 적은 빵으로 습도가 높은 여름을 제외하면 상온에 밀봉해 두어도 무방합니다.

허브 모닝롤

허브는 빵이나 케이크 등으로 구워도 강한 향과 함께 독특한 풍미가 있어 제품의 맛과 질을 높이고, 약용으로의 효과가 뛰어나 평소에 자기 몸에 잘 맞는 허브를 적절하게 섭취하면 건강에도 매우 도움이 됩니다. 제빵에 주로 사용하는 파슬리와 로즈메리는 빵의 풍미를 올려주고, 맛과 함께 영양소도 풍부해 성장기 아이들에게 좋습니다. 아침 식탁을 향긋한 허브 향기로 가득 채워 줄 동글동글 허브 모닝롤 레시피입니다.

분량

60g 15~16개

굽기

컨벡션 오븐 160℃
약 10~12분

일반오븐 170~180℃
약 15분

01

믹싱볼에 각각의 재료와 함께 건조 파슬리, 로즈메리를 계량해 서로 구분되도록 넣고, 물과 달걀은 함께 계량해 넣은 후 저속으로 천천히 한 덩어리가 될 정도로만 섞습니다.

02

말랑한 상태의 버터를 반죽에 넣고 반죽이 매끈해지고 표면에 윤기가 날 때까지 중속으로 충분히 믹싱합니다.

03

모닝롤은 일반 빵 반죽보다 되기가 살짝 진 상태이므로 중간 중간에 들러붙는 반죽은 덧가루를 조금씩 사용하면서 깔끔 주걱으로 주변을 긁어주며 반죽합니다.

04

반죽 일부를 떼어 얇게 펴봤을 때 풍선껌 같은 형태의 얇은 막이 형성되면 반죽이 다 된 상태입니다. 반죽을 믹싱볼에서 꺼내 윗면을 매끈한 상태로 둥글리기를 합니다.

05

반죽을 발효볼에 넣어 위생비닐을 덮은 후 온도는 37~38℃ 정도, 습도는 80% 정도를 유지해 약 1시간가량 1차 발효합니다.

06

반죽이 2배 이상 부풀어 올라 들었을 때 거미줄 같은 형태의 막이 형성되면 발효가 다 된 상태입니다. 작업대에 덧가루를 뿌리고 반죽을 올립니다.

미리 준비하기

• 버터를 상온에 말랑한 상태로 준비합니다.

재료

• 반죽

강력분	500g
물	200g
달걀	2개
버터	50g
소금	10g
설탕	50g
인스턴트 이스트	15g
탈지분유	15g
건조 파슬리	1~2g
건조 로즈메리	1~2g

• 토핑용

마요네즈 적당히	

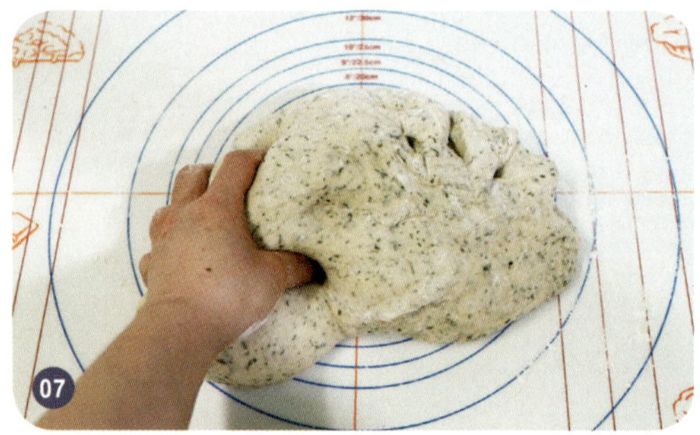

반죽이 들러붙지 않도록 덧가루를 사용하면서 적당한 힘으로 주물러 가스를 제거합니다.

반죽을 60g씩 분할합니다. 분할할 때는 반죽을 너무 조각 내지 않도록 주의하고, 분할 시 글루텐이 살짝 손상되었을 때는 중간 발효를 좀 더 여유 있게 합니다.

반죽을 손바닥에 올리고 한 손으로 감싸 쥔 후 윗면이 매끈한 상태가 되도록 둥글리기를 합니다. 반죽을 둥글리기한 순서대로 작업대에 올리고 위생비닐을 덮은 후 약 10분가량 중간 발효합니다.

반죽을 처음 둥글리기한 순서대로 성형합니다. 먼저 다시 둥글리기해 가스를 살짝 빼고 윗면이 매끈한 상태가 되도록 합니다. 이때 표면의 글루텐이 찢어질 수 있으니 너무 힘을 주지 않도록 주의합니다.

동그란 모양이 잘 유지되면서 발효되도록 반죽 뒷면을 꼼꼼하게 잘 여밉니다.

빵팬에 간격을 넉넉히 두고 반죽을 순서대로 올린 후 온도는 36~37℃, 습도는 80% 정도에서 2차 발효합니다.

반죽이 2배 이상 커지고, 팬을 들고 살짝 흔들었을 때 물풍
선 같이 살살 흔들리면 발효가 다 된 상태입니다. 발효가
2/3 이상 진행되면 오븐을 온도에 맞게 미리 예열합니다.

짤주머니에 마요네즈를 적당히 담은 후 반죽 윗면에 지그
재그로 뿌립니다.

예열된 오븐에 팬을 넣고 갈색이 충분히 나도록 굽습니다.
약 10분가량 구워 색이 나면 앞뒤 색이 골고루 날 수 있도
록 오븐 문을 열고 재빨리 팬을 돌려준 후 다시 5분가량
더 굽습니다.

다 구워진 빵을 식힘망에 올려 충분히 식힙니다. 촉촉하게 먹
는 모닝롤은 수분이 날아가지 않도록 개별 포장하거나 밀폐
용기에 넣어 보관하고, 장기 보관할 때는 냉동 보관합니다.

옥수수 크림치즈 브레드

통통하게 살이 오른 옥수수를 할머니께서 커다란 가마솥에 쪄주시면 사촌 언니, 오빠들과 함께 냇가에 앉아 3~4개씩 치마폭에 싸 들고 하모니카를 불 듯 신나게 먹었던 추억이 떠오릅니다. 먹을거리가 풍요로워진 요즘 아이들은 옥수수 그 자체보다는 옥수수를 이용한 피자나 빵 등 달콤함이 더해진 옥수수를 더욱 좋아합니다. 아이들 입맛에 맞게 달달함과 부들부들 쫄깃한 식감을 더해 만드는 옥수수 크림치즈 브레드 레시피입니다.

분량

은박 도시락틀 320g 3개

굽기

컨벡션 오븐 160℃
약 20분

일반오븐 170~180℃
약 20~25분

01 믹싱볼에 각각의 재료가 구분되도록 계량해 넣고, 물과 달걀은 함께 계량해 넣은 후 저속으로 한 덩어리가 될 정도로 섞습니다.

02 말랑한 상태의 버터를 넣고 반죽이 매끈한 상태가 될 때까지 중속으로 충분히 믹싱합니다.

03 반죽 일부를 떼어 얇게 펴봤을 때 풍선껌 같은 형태의 부드러운 막이 형성되면 반죽이 다 된 상태입니다.

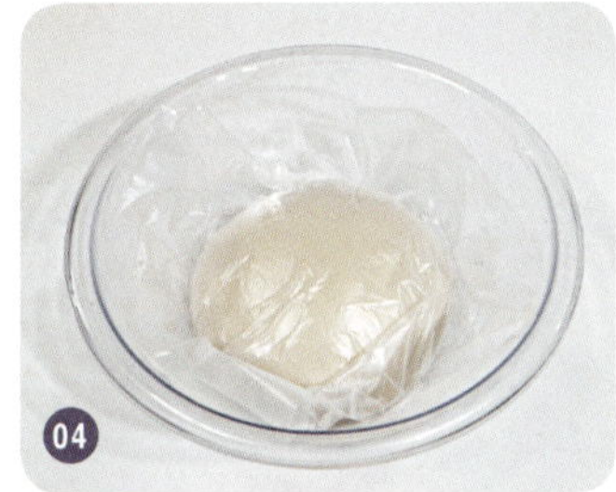

04 윗면이 매끈하도록 둥글리기한 후 발효볼에 담고, 위생비닐을 덮어 온도는 37~38℃, 습도는 80% 정도를 유지해 약 1시간가량 1차 발효합니다.

05 1차 발효가 다 되면 반죽이 약 2배 이상 부풀어 오릅니다. 발효 시간은 온도와 습도에 따라 다소 차이가 있을 수 있어 반죽의 상태를 꼭 확인합니다.

06 작업대에 덧가루를 적당히 뿌리고 반죽을 올린 후 적당히 주물러 가스를 제거합니다.

🍞 미리 준비하기

- 옥수수 크림치즈를 미리 만들어 준비합니다(p.41 부재료 만들기 참조).
- 옥수수 쿠키 반죽을 미리 만들어 준비합니다(p.42 부재료 만들기 참조).
- 버터를 상온에 말랑한 상태로 준비합니다.

🥄 재료

• 반죽

강력분	500g
물	250g
달걀	1개
버터	50g
소금	10g
설탕	60g
인스턴트 이스트	18g
탈지분유	15g

• 옥수수 크림치즈

옥수수 캔	1개
크림치즈	500g
설탕	100g

• 옥수수 쿠키 반죽

옥수수 분말	180g
달걀	2개
버터	250g
소금	1g
설탕	180g

• 토핑용

아몬드 슬라이스	적당히

반죽을 80g씩 분할한 후 윗면이 매끈한 상태가 되도록 둥글리기를 합니다. 반죽 분할 시 너무 조각조각 내지 않도록 주의합니다.

반죽이 쉴 수 있도록 위생비닐을 덮어 약 10분가량 중간 발효합니다. 분할 시 조각을 많이 냈다면 5분가량 여유를 더 줍니다.

반죽을 다시 둥글리기해 가스를 살짝 빼고 윗면을 고르게 한 후 매끈한 면이 위로 올라오도록 합니다.

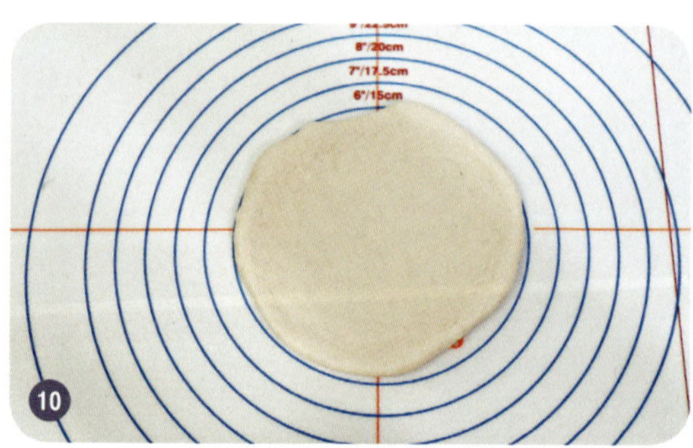

반죽을 지름이 10cm가량의 원형으로 두께를 균일하게 밀대로 밀어주고, 미리 만든 옥수수 크림치즈를 준비합니다. 밀대 질을 할 때는 적당한 힘으로 밀어 반죽이 손상되지 않도록 주의합니다.

반죽이 오므라들지 않도록 손가락 부분에 잘 밀착시킨 후 손을 살짝 오므려 치즈가 잘 들어가도록 가운데가 옴폭 파인 모양을 만듭니다. 준비한 옥수수 크림치즈를 한 큰술 넣고, 반죽 주변에 치즈가 묻지 않도록 보자기 모양으로 잘 모아 동그랗게 여밉니다.

반죽을 터지지 않도록 꼼꼼하게 여밉니다. 이때 반죽을 만두처럼 여미지 않도록 주의합니다.

은박 도시락틀에 여유 공간을 두고 반죽을 4개씩 넣습니다. 온도는 36~38℃, 습도는 80% 정도를 유지해 반죽이 약 2배 정도 커져 틀 높이 보다 약 2cm가량 위로 올라올 때까지 2차 발효합니다. 충전물이 올라가는 제품은 반죽이 쉽게 꺼질 수 있으니 발효 상태를 너무 과하게 보지 않도록 주의합니다.

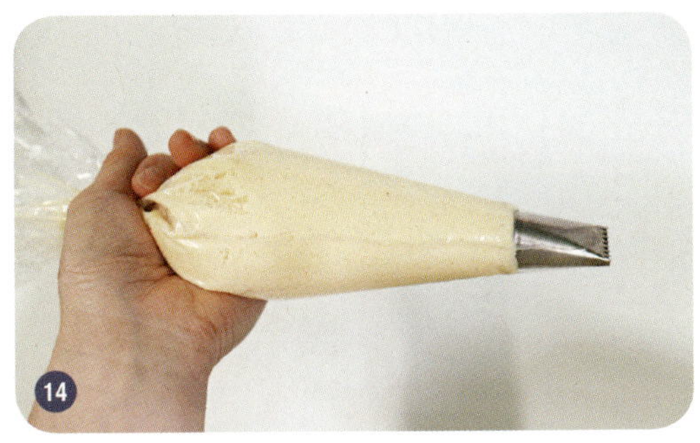

오븐을 미리 온도에 맞게 예열하고, 짤주머니에 바구니 깍지를 끼워 준비한 옥수수 쿠키 반죽을 적당히 넣습니다.

반죽 위 앞뒤 양쪽에 2cm가량씩 여유를 두고 가운데 부분에 3~4줄씩 짜줍니다. 이때 두께가 어느 정도 유지되도록 약간 힘을 줘 짜도록 합니다.

윗면에 쿠키 반죽을 다 얹은 후 아몬드 슬라이스를 적당히 얹습니다.

반죽을 예열된 오븐에 넣어 윗면에 쿠키까지 충분히 익을 수 있도록 적당히 갈색이 날 때까지 굽습니다.

다 구워진 제품을 은박틀 상태로 식힘망에 올려 완전히 식힙니다. 다 식은 후에는 개별 포장하고, 장기 보관할 때는 수분이 날아가지 않도록 냉동 보관합니다.

크림치즈 커스터드 소보로 브레드

대중의 사랑을 많이 받는 달콤한 디저트 중에는 특히 크림치즈를 주재료로 사용하는 제품이 많습니다. 그중에서도 티라미수와 치즈 케이크는 여성들의 사랑을 한 몸에 받는 대표적인 제품입니다. 크림치즈와 묵직하지만 가벼운 식감의 커스터드 크림을 함께 섞어 부드러운 동시에 느끼함을 잡아준 크림치즈 커스터드 크림. 달콤한 크림이 가득 들어 있는 부드러운 빵에 바삭한 소보로까지 얹어 그 맛을 더해준 크림치즈 커스터드 소보로 브레드 레시피입니다.

분량

은박 소 파운드틀 80g
10개

굽기

컨벡션 오븐 160℃
약 15분

일반오븐 170~180℃
약 15~20분

01

믹싱볼에 각각의 재료가 구분되도록 계량해 넣고, 물과 달걀은 함께 계량해 넣은 후 저속으로 한 덩어리가 될 정도로 섞습니다.

02

말랑한 상태의 버터를 넣고 반죽이 매끈한 상태가 될 때까지 중속으로 충분히 믹싱합니다.

03

반죽 일부를 떼어 얇게 펴봤을 때 풍선껌 같은 형태의 부드러운 막이 형성되면 반죽이 다 된 상태입니다.

04

반죽 윗면을 매끈한 상태로 둥글리기 한 후 발효볼에 담고, 위생비닐을 덮어 온도는 37∼38℃, 습도는 80% 정도를 유지해 약 1시간가량 1차 발효합니다. 혼자 작업할 때는 1차 발효가 되는 동안 소보로를 미리 만들고, 2차 발효가 되는 동안 크림을 만들어 준비하면 시간을 좀 더 절약할 수 있습니다.

05

1차 발효가 다 되면 반죽이 약 2배 이상 부풀어 오릅니다. 발효 시간은 온도와 습도에 따라 다소 차이가 있을 수 있으니 반죽의 상태를 꼭 확인합니다.

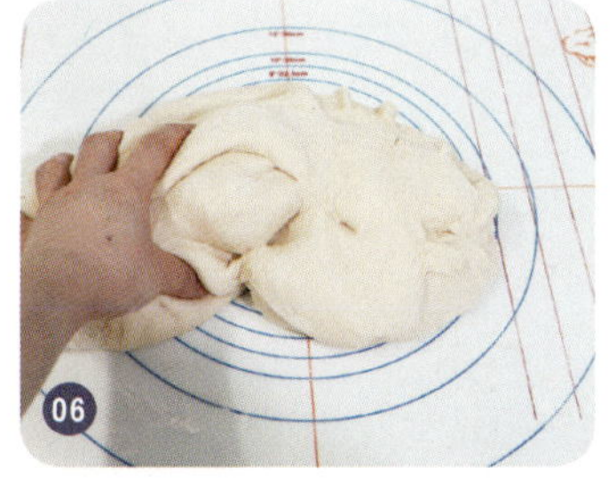

06

반죽을 발효볼에서 꺼내 작업대에 덧가루를 약간 뿌리고 올린 후 적당히 주물러 가스를 제거합니다.

미리 준비하기

- 크림치즈 커스터드 크림을 미리 만들어 준비합니다(p.40 부재료 만들기 참조).
- 소보로를 미리 만들어 준비합니다(p.31 부재료 만들기 참조).
- 버터를 상온에 말랑한 상태로 준비합니다.

재료

• 반죽

강력분	450g
물	200g
달걀	1개
버터	45g
소금	9g
설탕	67g
인스턴트 이스트	15g
탈지분유	18g

• 크림치즈 커스터드 크림

크림치즈	300g
커스터드믹스	100g
물	200∼250g
설탕	90g

• 소보로

박력분	350∼400g
달걀	1개
버터	130g
땅콩버터	50g
소금	2g
설탕	150g
베이킹파우더	6g

반죽을 80g씩 분할한 후 윗면이 매끈한 상태가 되도록 둥글리기를 합니다. 반죽 분할 시 너무 조각조각 내지 않도록 주의합니다.

반죽이 쉴 수 있도록 위생비닐을 덮어 약 10분가량 중간 발효합니다. 분할 시 조각을 많이 냈다면 5분가량 더 여유를 줍니다.

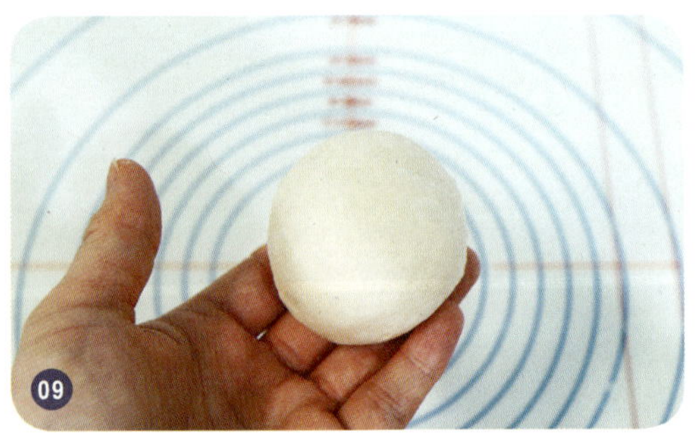

처음 둥글리기한 순서대로 다시 둥글리기해 가스를 살짝 빼고 윗면을 고르게 한 후 매끈한 면이 위로 올라오도록 합니다.

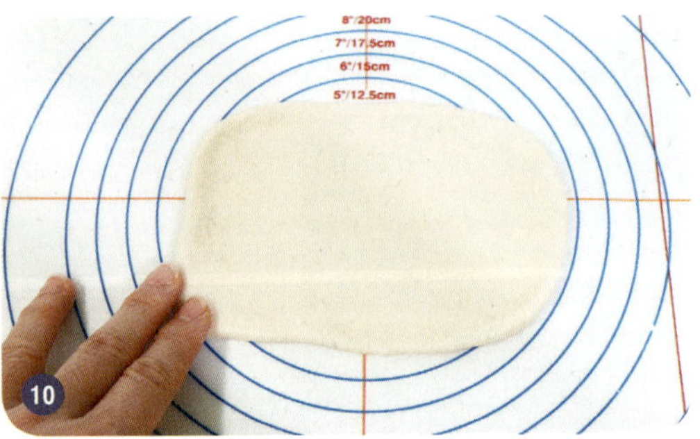

거친 면이 밑으로 간 상태에서 두께가 약 5mm 정도의 직사각형 모양으로 밀어줍니다. 이때 너무 크게 밀어 틀보다 반죽이 위로 올라오지 않도록 주의합니다.

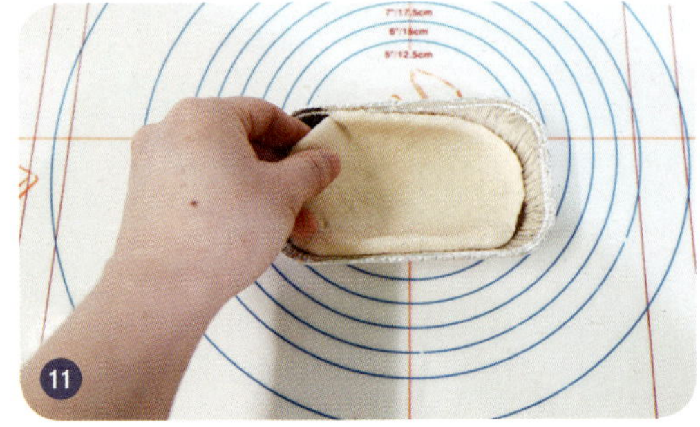

반죽을 미리 준비한 틀에 넣어 바닥에 공기층이 생기지 않도록 잘 밀착시킵니다.

틀을 팬에 올린 후 온도는 37~38℃, 습도는 80% 정도를 유지해 2차 발효합니다.

반죽이 틀 안에 약간의 공간을 두고 다 채워지고, 반죽 바닥의 두께가 2cm 이상 두꺼워지면 2차 발효가 다 된 상태입니다.

짤주머니의 끝을 2cm 정도 자른 후 반죽이 옴폭 들어간 가운데 부분에 크림을 2~3줄 짜 넉넉히 채웁니다. 토핑하는 동안 오븐을 미리 온도에 맞게 예열합니다.

미리 만들어 준비한 소보로를 적당히 얹은 후 예열된 오븐에 넣어 굽습니다.

소보로까지 적당히 갈색이 나도록 먹음직스럽게 구운 후 오븐에서 꺼내 틀 상태로 식힘망에 올립니다.

제품을 식힘망에 그대로 두고 완전히 식힙니다. 식은 후에는 개별 포장하고, 장기 보관할 때는 냉동 보관하도록 합니다. 유제품의 크림이 다량 들어간 제품은 여름철에는 바로 소비하지 않을 경우 쉽게 상할 우려가 있으므로 냉장 보관하는 것이 좋습니다.

크랜베리 베치번즈

여러 개의 작은 반죽을 다닥다닥 붙여 만든 빵을 베치번즈(Batch Buns)라 일컫는데 빵이나 케이크의 전체 반죽을 뜻하는 베치(Batch)와 우유와 버터를 넣고 여러 가지 충전물을 넣어 동그랗게 구운 영국 빵인 번(Bun)을 합쳐 만든 합성어입니다. 베치번즈는 견과류나 건조과일 등을 넣어 만들고, 하나씩 떼거나 통째로 중간을 슬라이스한 후 크림치즈나 버터크림을 발라 먹는 것이 일반적입니다.

📋 **분량**

사각틀 1호 240g 4개

🔲 **굽기**

컨벡션 오븐 160℃
약 20분

일반오븐 170~180℃
약 25분

건조 크랜베리를 럼주나 알코올 도수가 높은 술로 버무려 소독하고, 물에 씻은 후 채반에 받쳐 물기를 빼줍니다.

물기가 빠진 크랜베리를 계량된 반죽 물과 함께 믹서에 넣고 곱게 갈아준 후 달걀을 함께 넣습니다.

각각의 재료를 구분되도록 계량해 믹싱볼에 넣고, 크랜베리즙과 달걀을 함께 넣은 후 한 덩어리가 되도록 저속으로 섞습니다.

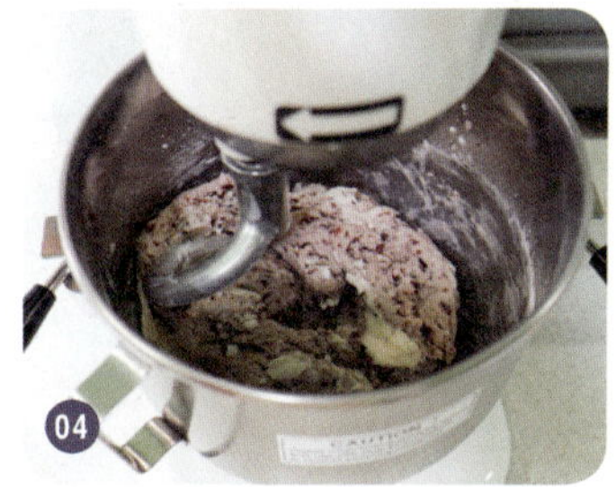

말랑한 상태의 버터를 넣고 반죽 표면이 매끈해질 때까지 중속으로 충분히 믹싱합니다.

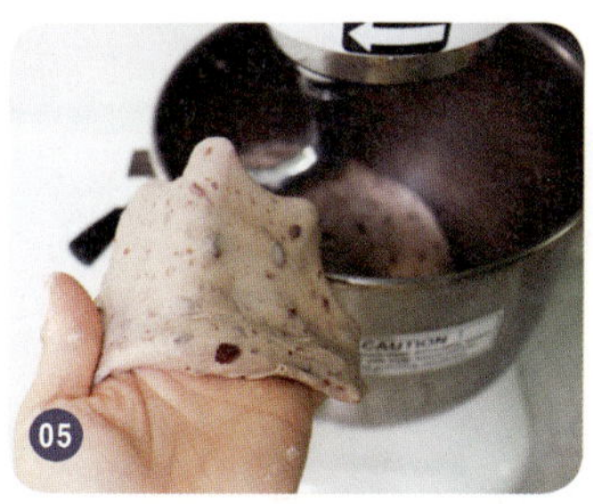

반죽 일부를 떼어 얇게 펴봤을 때 풍선껌 같은 형태의 막이 생기면 반죽이 다 된 상태입니다. 반죽을 믹싱볼에서 꺼내 표면을 동그랗게 매끈한 상태로 둥글리기를 합니다.

반죽을 발효볼에 넣어 위생 비닐을 덮은 후 온도는 36~38℃, 습도는 80% 정도에서 1시간가량 1차 발효합니다. 발효 시간은 온도와 습도에 따라 다소 차이날 수 있습니다.

🧑‍🍳 미리 준비하기

- 크랜베리에 럼주나 알코올 도수가 높은 술을 넣어 버무려 소독해 물에 씻고, 채반에 받쳐 물기를 제거한 후 분량의 물과 함께 믹서에 갈아줍니다.
- 버터를 상온에 말랑한 상태로 준비합니다.

🥄 재료

• 반죽

강력분	500g
물	250g
달걀	1개
버터	75g
소금	10g
설탕	60g
인스턴트 이스트	18g
탈지분유	10g
건조 크랜베리	200g 내외
럼주 약간	

• 토핑용

옥수수 분말 적당히	

반죽이 2배 이상 커지고, 반죽 표면을 들었을 때 거미줄 같은 형태의 조직이 생기면 발효가 다 된 상태입니다.

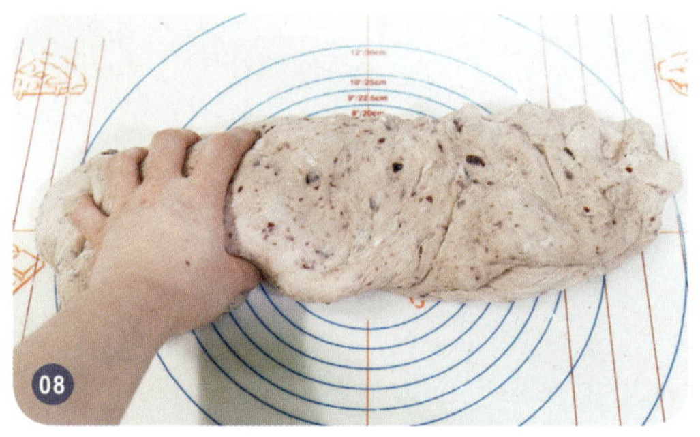

작업대에 덧가루를 살짝 뿌리고 반죽을 올린 후 적당한 힘으로 주물러 가스를 제거합니다.

가스가 제거된 반죽을 60g씩 분할합니다.

손바닥에 반죽을 올려 다른 손으로 감싸고, 반죽 바닥이 손바닥에 밀착되게 한 후 원을 그리면서 윗면이 매끈하게 되도록 둥글리기를 합니다. 둥글리기가 다 된 반죽은 위생비닐을 덮어 약 10분가량 중간 발효합니다.

반죽을 둥글리기한 순서대로 다시 둥글리기해 가스를 살짝 제거한 후 뒷면이 둥근 모양으로 유지되도록 꼬집어 여밉니다.

준비한 사각틀에 살짝 버터 칠을 하고, 동글동글하게 잘 성형된 반죽을 4개씩 넣습니다. 사각틀이 없는 경우에는 은박 도시락틀을 사용하면 더욱 편리합니다(p.202 옥수수 크림치즈 브레드 참조).

온도는 36~38℃, 습도는 80% 정도에서 반죽이 틀보다 약 2cm가량 높이 올라오고, 틀 안에 반죽이 꽉 찰 때까지 2차 발효합니다. 발효가 2/3 이상 진행되면 오븐을 미리 온도에 맞게 예열합니다.

오븐이 예열되는 동안 반죽 위에 깨끗한 분무기로 물을 충분히 뿌립니다.

옥수수 분말을 분당체에 올려 톡톡 치면서 반죽 위에 적당히 가루를 내립니다.

물과 함께 옥수수 분말이 살짝 스며들 수 있도록 상온에 약 2~3분간 대기합니다.

옥수수 분말이 수분에 흡수되면 미리 예열된 오븐에 넣어 먹음직스러운 갈색이 날 때까지 적당히 굽습니다.

잘 구워진 빵을 뭉개지지 않도록 틀에서 조심히 꺼낸 후 식힘망에 올려 식힙니다. 다 식은 후에는 개별 포장해서 보관하고, 장기 보관 시에는 냉동 보관하면 수분이 날아가 빵이 뻣뻣해지는 걸 방지할 수 있습니다.

닭가슴살 샐러드 브레드

닭가슴살은 칼로리가 낮은 편으로 닭고기 부위 중에서도 지방이 가장 적고, 단백질이 풍부해 대표적인 다이어트 식품으로 잘 알려져 있습니다. 퍽퍽한 식감 때문에 먹기가 쉽지 않아 좋아하지 않는 사람도 많지만, 요즘은 퍽퍽한 닭가슴살의 단점을 보완해 부드럽게 삶아 가공한 캔 제품이 많이 나왔습니다. 특히 닭가슴살을 이용한 샐러드를 빵과 함께 구워주면 아이들이 먹기 좋은 간식이 될뿐더러 다이어트를 하는 분들의 아침식사 대용으로도 매우 좋습니다.

분량

은박 빅 머핀컵 100g
8개

굽기

컨벡션 오븐 160℃
약 15~17분

일반오븐 170~180℃
약 20분

01 믹싱볼에 각각의 재료를 서로 구분되도록 계량해 넣고, 물과 달걀을 함께 계량해 넣은 후 저속으로 섞습니다.

02 반죽이 한 덩어리가 되면 말랑한 상태의 버터를 넣고 반죽이 매끈해질 때까지 중속으로 믹싱합니다.

03 반죽 일부를 떼어 얇게 펴봤을 때 풍선껌 같은 형태의 막이 형성되면 반죽이 다 된 상태입니다. 반죽을 믹싱볼에서 꺼낸 후 윗면이 매끈하도록 둥글리기를 합니다.

04 발효볼에 넣어 위생비닐을 덮은 후 온도는 37~38℃, 습도는 80% 정도에서 약 1시간가량 1차 발효합니다.

05 반죽이 2배 이상 부풀어 오르고, 반죽을 들었을 때 거미줄 같은 조직이 형성되면 발효가 다 된 상태입니다. 작업대에 덧가루를 살짝 뿌리고 반죽을 올립니다.

06 반죽을 적당히 주물러 가스를 제거합니다. 이때 반죽을 너무 세게 주물러 글루텐이 손상되지 않도록 주의합니다.

미리 준비하기

- 닭가슴살 샐러드를 미리 만들어 준비합니다(p.44 부재료 만들기 참조).
- 버터를 상온에 말랑한 상태로 준비합니다.

재료

• 반죽

강력분	450g
물	210g
달걀	1개
버터	45g
소금	9g
설탕	60g
인스턴트 이스트	15g
탈지분유	13g

• 충전용 닭가슴살 샐러드

닭가슴살 캔	2~3개
양파	1/2개
피망	1개
당근	1/2토막
햄	50g 내외
옥수수 작은 캔	1개
토마토소스 작은 병	1개

• 토핑용

마요네즈와 케첩 적당히
(머스터드소스 사용 가능)

※ 취향에 따라 파프리카나 오이, 감자 등을 넣어도 좋습니다. 아이들을 위해 치즈를 얹거나 다이어트를 위해 가벼운 드레싱을 사용해도 좋습니다.

반죽을 100g씩 분할합니다. 이때 반죽을 너무 조각조각 내서 분할하지 않도록 주의합니다.

반죽을 둥글리기한 후 반죽이 쉴 수 있도록 위생비닐을 덮어 약 10분가량 중간 발효합니다.

윗면이 매끈해지고 가스가 살짝 제거되도록 이전에 둥글리기한 순서대로 반죽을 다시 둥글리기를 합니다.

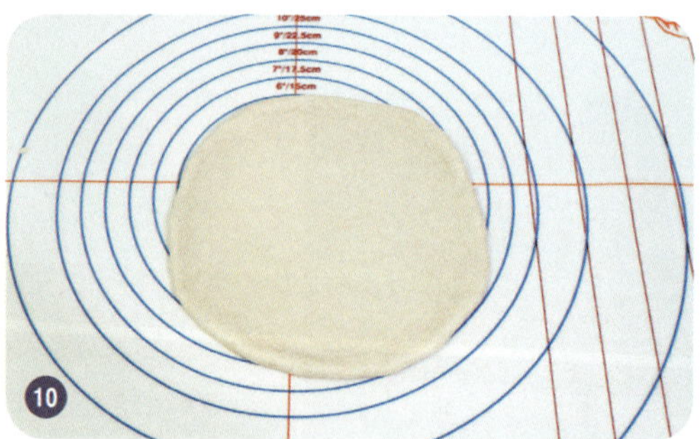

매끈한 면이 위로 온 상태에서 밀대를 이용해 지름이 15cm 내외의 원형으로 두께를 고르게 밀어줍니다.

준비한 은박 빅 머핀컵에 반죽을 넣은 후 벽면과 바닥면이 들뜨지 않도록 잘 밀착시킵니다.

다른 반죽들도 동일하게 성형해 팬에 올리고 2차 발효합니다. 1차 발효 때와 동일하게 온도와 습도를 맞추고, 반죽의 바닥면이 틀의 중간 정도로 올라올 때까지 발효합니다.

발효가 거의 다 진행되면 준비한 닭가슴살 샐러드에 소스를 넣고 섞습니다.

재료를 토핑하기 전에 먼저 오븐을 온도에 맞게 예열합니다. 반죽 가운데에 옴폭 들어간 부분이 생기면 발효가 다 된 상태로 그 위에 준비한 닭가슴살 샐러드를 넉넉히 올립니다. 이때 샐러드가 깔끔하게 들어가도록 스푼은 2개를 사용합니다.

사진과 같이 샐러드가 넉넉하게 채워지면 반죽 위에 뿌릴 드레싱을 준비합니다.

준비한 드레싱을 짤주머니에 적당히 넣은 후 끝을 조금만 잘라 윗면에 지그재그로 보기 좋게 뿌립니다.

예열된 오븐에 넣은 후 갈색이 충분히 나도록 굽습니다. 온도가 너무 높으면 속까지 골고루 잘 익지 않으니 주의합니다.

다 구워진 제품을 틀째 식힘망에 올려 완전히 식힙니다. 다 식은 후에는 은박 호일이나 비닐에 개별 포장해 보관합니다. 당일 소비가 어려울 경우에는 하루나 이틀 정도 냉장 보관하고, 장기 보관 시에는 바로 냉동 보관합니다.

건강한 재료로 만든 42가지의 특별한 홈베이킹

식빵&브레드

개정1판1쇄발행	2024년 12월 10일
초 판 발 행	2016년 12월 22일
발 행 인	박영일
책 임 편 집	이해욱
저 자	이수정
편 집 진 행	강현아
표 지 디 자 인	김지수
편 집 디 자 인	김지현
발 행 처	시대인
공 급 처	(주)시대고시기획
출 판 등 록	제 10–1521호
주 소	서울시 마포구 큰우물로 75 [도화동 538 성지 B/D] 9F
전 화	1600–3600
홈 페 이 지	www.sdedu.co.kr

I S B N	979-11-383-8317-2[13590]
정 가	14,000원